系
002

終結職場豬隊友指南

— 榎本博明 著。葉廷昭 譯 —

銀河舍

【前言】

探究「豬隊友」

「唉，真的是豬隊友吔，有夠麻煩的。」

有些人會讓我們在心中忍不住這樣抱怨。

只要你一跟那種人扯上關係，就會搞到自己身心俱疲。

他們整天計較一些小事，動不動就耍脾氣，而且競爭心很重，沒被稱讚就不高興，喝醉酒還會找人麻煩等等……總之，豬隊友的種類不一而足。跟那種人扯上關係，火氣和壓力只會愈來愈大，你會很想警告對方不要太白目。

任何職場都有白目豬隊友，種類多到令人眼花撩亂。遇上那種傢伙，不但會失去內心的活力，也會影響到自己本來的工作。不過，在工作上又不能完全不理會那種人。

另外，豬隊友不是只有職場上才有，同時也會出現在我們的私生活裡。如果朋友之中有那種人，那你可就倒大楣了。

明明跟三五好友去喝酒是要發洩工作壓力的，結果有豬隊友參加，反而害我們的心情更加火大；聊天也沒辦法暢所欲言，壓力有增無減。有時候，我們看家庭主婦之間喝茶聊天，也會發現一股戒慎恐懼的緊張氣息，想必是有豬隊友在場的關係吧。

豬隊友無所不在，沒有人想被那種白目打亂自己的生活。如果有防範那種人的方法，就可以保持我們的心靈活力了。因此，我們需要瞭解身邊那些「豬隊友的行為模式」，以及當中隱含的「心理結構」。

熟悉豬隊友的行為模式，就能預測對方的反應，事先迴避麻煩了。瞭解其心理架構，就能採取適當的應對措施，不會刺激到對方了。瞭解對方的想法之後，或許能讓自己更看開一點，進而平息心中的怒火。

其實遇到那種人我們內心已經幹得要死了，對方卻完全沒想過，自己給周圍添了多大的麻煩。仔細想想，這其實是一件很可怕的事情。

但是，往另一個方面想，搞不好，我們在別人眼中也是豬隊友。

事實上，我在某些人眼中，也是十分麻煩的傢伙。研究心理學的人，不只擅於觀察別人，也擅於從別人的反應來回顧自己，所以我有這樣的認知。

不過，說句老實話，難道當一個不麻煩的人物比較好嗎？當一個透明無色的人，是不會給別人添麻煩沒錯，但是也不能完全沒有一點人味，所以我們還是要有一點自己的堅持。

然而，「堅持什麼」是一大重點。搞錯這個重點的話，終究只是一個麻煩的白目而已。

目錄

CHAPTER 1

為什麼會有那種「人品不壞，卻很麻煩」的傢伙？

希望別人安慰自己的人

有些傢伙非得跟別人訴苦才甘心。

遇到討厭的事情，任誰都會想抱怨個幾句，這時候我們當然也會給予安慰和鼓勵。不過，每次見面就聽對方唉聲嘆氣，我們安慰久了也會覺得煩。

人生本來就是起起伏伏、有好有壞，偏偏那種人就只挑壞事講。明明生活中多少也會有一些好事，他就光講不如意的事情；反正好事絕口不提，脫口而出的都是壞事大全集。

各位回想一下跟那種人聊天的經歷，你會發現自己都在拚命安慰對方。

「你真幸運，做什麼都成功，哪像我這種廢柴。」

聽到對方這樣哭夭，你並不否認自己這次成果斐然，但你也不是每天都在過年的。

「這次我運氣好啦，下次就難說了。」

當你這樣自謙，對方又說了。

「我他媽的是一個溝通障礙，一定不適合當業務。」

你一聽對方開始自虐，就只好說。

「沒這回事啦。」

等你安慰完，對方又開始說自己溝通障礙有多嚴重。

「我很不擅長跟別人聊天，每次跟客戶見面，都不曉得要講什麼。」

這下子，對方又開始細數自己的症頭了。

「沒關係啊，這樣不會給人太輕浮的感覺，挺誠懇的不是嗎？油嘴滑舌的傢伙，反而會引起對方的戒心吧。」

然後，你又只好拚命地鼓勵對方。

每次見面都是這種調調，反正對方一開口就是自己有多廢，你得想方設法安慰他。

還有一種情況是，對方認為自己做出了一番成果，上司卻沒有給予正當的評價。你又得聽他抱怨努力得不到回報，順便安慰他總有時來運轉的一天。除此之外，你們幾乎沒有其他的話題。

然而，這種人還不光是只有職場才有。

有些家庭主婦聚在一起喝下午茶的時候，總有幾個倒楣鬼要負責安慰別人。

「我們家那個孩子啊，考試成績真是差到慘不忍睹。滿分一百分只給我考五十分，真是皮在癢。」

其中一個主婦，則是抱怨自己的兒子蠢。

「這種事在所難免嘛。」

旁人就要跳出來安慰她。接著她又不停地抱怨，倒楣鬼就持續地安慰。

「我跟他說要好好念書，他都當耳邊風，那孩子撿角了啦。」

「等他長大就會念了啦，孩子還小嘛。趁他還小的時候多讓他玩，以後長大前途不可限量啊。」

「是嗎？我很難想像他以後用功念書的樣子捏。」

「當人家媽媽的不能這樣講啦，妳要相信自己兒子啊。」

「也是啦，但是我完全想像不出來耶。」

「要努力去想啊，小孩子其實很在意父母的期待喔。」

「是喔？那我就相信他，等他開竅好了。」

「對啦，就是這樣。」

他們的對話內容永遠了無新意。負責安慰的那個人心情也很複雜，明明自己的小孩成績更差勁，還要好聲好氣地安慰對方。可是，對方一直在抱怨自家的兒子不爭氣，絲毫沒把別人家的兒子放在眼裡。

這種人就是那種人品不壞，但是你跟他相處久了就會覺得很煩。

嫉妒別人成功或幸福的人

講話酸溜溜的人，也很麻煩。

當大家在稱讚某個人工作成果卓越的時候。

「那傢伙純粹運氣好啦。」

酸溜溜的人就是喜歡嘴賤個幾句。

當大家公認的優秀人物步步高升的時候。

「他只是比較會拍上面的馬屁啦。」

酸溜溜的人非得嘴上來個幾句，彷彿別人沒那個資格升遷一樣。就算不得不承認對方的能力，也是狗嘴吐不出象牙。

「那個人工作能力不錯，但是人品還是太嫩了，人際關係遲早會出問題。」

「他就只擅長那幾件事情啦，也沒有其他突出的才能了。」

反正酸溜溜的人一定要貶上幾句才開心。

如果換成我們工作賣力被上司稱讚。

「天要下紅雨了，是吧。」

酸溜溜的人就會潑我們冷水。總之，就是狗改不了吃屎，看到別人成功一定要吐嘈才爽。那種人沒辦法祝福別人的成功，也沒有度量承認別人的才能。因此，會反射性地說出酸言酸語。這些話一旦說出口只會破壞現場的氣氛，被酸的人心裡也很不好受。所以，大家在那種人面前，都盡量不提好友或同事成功的話題。如果自己成功了，也絕對不會在那種人面前提起。

酸溜溜的人對自己的嘴賤絲毫沒有自覺，其他人卻得小心翼翼地慎選話題。

誇大小事，把小事搞得很複雜的人

有種人一件很單純的事情，偏偏要講得好像很嚴重一樣。遇到這類型的傢伙，任何話題都會被搞得很複雜。

好比，平日工作的時候，你想出一個比較有效率的辦法，因此在既定的程序中稍微加進一點自己的巧思。

「你這樣隨便亂搞，我很困擾。」

這時候，那個豬隊友就會跑來制止你，但是你也沒惹出什麼問題。

「就稍微改一下順序而已啊，最終結果依舊沒變嘛，換個方法做起來比較順。」

你苦口婆心解釋，對方還是聽不懂人話。

「要改變部署的工作方針，需要開會經過大家慎重的檢討才行。」

聽不懂人話就罷了，對方還扯一堆麻煩的道理。

「不是，沒有這麼誇張啦，我哪有要改變部署的工作方針。這純粹是文書工作的效率問題而已啊，依照個人判斷處理不就得了……」

你耐著性子解釋給他聽。

「你的想法太隨便了，這樣不行。」

如今對方卻反過來對你說教，你說破嘴他就是不肯聽。

其實這種人也沒有惡意或妨礙你工作的意思，但是一件小事他就是要講得很誇張，弄成雞飛狗跳的麻煩事情而已。

沒聽到部下求救就不爽的上司

還有一種人，有點類似「被害妄想」的意識，煩人的程度就更加突破天際了。

好比，你在做例行的文書工作，上司正好在忙。你就自己一個人埋頭繼續做下去，沒有中途跑去找他商量。

「我工作完成了。」

你把文件拿去給上司看，請上司查核。

「完成了？不需要我幫忙就對了啦。」

上司就開始損人。

「不，不是這樣的。我是看課長您忙著接待客人，所以才先做好等您確認。」

你誠心說明事由給上司聽。

「自己一個人就完成了，真是優秀呢。」

上司依舊酸言酸語。

你是看他忙碌才好心減少他的負擔，他卻偏要把事情搞得很複雜。

反正這種人動不動就這樣，實在麻煩到無以復加的地步。

為什麼要一直反覆問「行不行」

已經說好的事情還一提再提，這種人也很麻煩。

當你以為事情快要敲定的時候。

「是說，這樣做真的好嗎？」

這時候對方一定會打退堂鼓。大家經過各種討論好不容易要做出決定了，你也不希望他到這個節骨眼又老調重談。

「不是都徹底討論過了嗎？」

你要他放心，他就開始說出各式各樣的顧慮。

那些問題大家早就討論過了，確實是有他講的風險沒有錯，但是成功的話好處很多，萬一失敗，也有辦法妥善處理，根本沒必要太在意。你一方面按捺著叫他閉嘴的衝動，一方面對會議開倒車感到火大。

還有一種則是拜託別人幫忙，卻要一而再、再而三地確認。

「要我幫忙沒問題啊。」

你都已經答應要幫忙了。

「真的沒關係嗎？會不會給你添麻煩啊？這樣太過意不去了……」

對方還在猶豫該不該找你幫忙。

你都說好了，話題就該到此打住，不要再婆婆媽媽了。然而，對方卻狂噴一堆客套的垃圾話。你很想告訴他，廢話這麼多，一開始就不要來找人幫忙。

不過，這種人十分小心眼，如果你一時火大反悔，他就會講一堆酸言酸語，或是在背後說你壞話。所以，建議你跟他說：「不必放在心上，沒關係。」

話題一直跳針，委實令人火大，這就像一種不必要的儀式，麻煩到令人生厭。

開會非得唱反調的人

個性好戰、不找人吵架就屁股癢的人，也很麻煩。

好比，有人在會議上發表意見，他就一定要攻擊別人意見的缺點，或是提出各種質疑。

例如，有人提出了某個方案。

「這個方案有三個非常嚴重的缺點，也可以說是風險吧。首先第一點是……」

這時候，那傢伙就會得意地說出自己的見解，幸災樂禍地看著提案人，表現出一種挑釁的態度。可是，你仔細聽他說的內容，也沒有什麼大不了的。事實上，根本沒有重大的缺點，都是一些雞毛蒜皮的小事罷了，簡直是雞蛋裡挑骨頭，聽了就讓人不爽。偏偏他講得很像一回事，還真的有人因此被他唬到，這才是最麻煩的地方。

反過來，若他自己被攻擊就惱羞成怒，你非常受不了這樣的個性，也不能理解為什麼他動不動就要吵架。於是，你也跟著氣血上升，在會議上砲火四射。別人的提案或意見通過，對他也沒有壞處，搞不懂他幹嘛處處與人作對。

還有一種狀況是，你也不是故意反對他的提案或意見，只是想要確認一下比較難懂的地方，他就會表現出攻擊性的態度，彷彿你在找他麻煩。

萬一他的提案和意見真的有問題，你點出他的缺失，他就會怒氣沖天地反駁。儘管你也懶得回嗆他，但是該說的東西不講又不行。就算你提出改良的方案，讓他的意見更容易被採納，他依舊會暴怒反擊，認定你是在雞蛋裡挑骨頭。

那種人遇到任何事都是這樣的反應，幾乎是隨時準備與人開戰。

看什麼都不順眼的人

有些人一碰面就談論他人事非，或是批評別人的言行舉止。

例如，動不動就對上司和同事的言行有意見。

「那傢伙竟然說這種話，你不覺得很莫名其妙嗎？」

偶爾他講得也有道理，但是大多數都是無關緊要的小事，你都聽到也懶得回他了。

除了別人的言行舉止外，就連職場制度或習慣之類的小事，他也有意見，而且一定要講出來尋求認同。

「你不覺得很奇怪嗎？」

事實上，你覺得那些事根本無所謂，也懶得聽他說明。你可能會隨便回幾句敷衍了事，內心卻覺得在意這種事的人才奇怪。

在私交的場合中，經常會遇到這種令人生厭的傢伙。

「你看到A先生穿的衣服了嗎？他是不是以為自己長得很帥氣啊？」

「喂喂喂，你知道嗎？B太太有一個唸幼稚園的兒子，結果還去參加〇〇教室呢。我還真沒看過那種過得太爽的父母，都不用接送小孩的喔？」

「之前啊，我去某某飯店洽公的時候，看到C小姐帶家人一起去吃飯。帶全家人去那種高級地方吃大餐，也太奢侈了吧。」

總之，那種人很喜歡批判別人，聽了就滿肚子火。你很想告訴他，這些小事有什麼大不了啊？任何事都要嫌才叫可悲吧？

不瞭解別人的事情，就不該妄加評斷。

不過，這種人似乎得了一種不評斷別人就會死的病。

謙虛過頭也是病

有一種人講話很客氣，為人也謙和有禮，只是禮數多到很難相處。

一般來說，不熟的人相處難免會有些緊張生疏。等到混熟了以後，交談方式自然會變得比較隨和親密。不過，這種人永遠都是緊張生疏的態度。不但姿態擺得極低，還會刻意吹捧你。即便大家是同梯的工作伙伴，但是跟這種過度謙恭的人相處，非常勞心傷神。

好比，你在工作上幹出了一點成果。

「好厲害喔，你現在是我們營業部的明日之星呢。」

對方會臉不紅氣不喘地說出這種肉麻話來，被人稱讚固然是一件開心的事情，但是一直以來，都是對方的業績比較好。

「你在說什麼呢，你的業績一直都比我好，不是嗎？」

這時候輪到你稱讚他幾句。

「才沒有這回事呢，我還差太遠了，要多多向你學習才行。」

總之，對方永遠低著腦袋走路、夾著尾巴做人。他的態度又不像是單純的謙虛，總之給人一種渾身不自在的感覺。

如果他有事情要跑來問你，也不會像其他人一樣直說。

「有件事情想請你替我開示一下。」

他的遣詞用字，恭敬到完全不像同事之間的對話。

「請說？我一定知無不言……」

害你也只好用很假掰的方式回答。

「謝謝，因為我沒有你那麼博學多聞嘛。」

他就一定要先客套幾句，再尋求你的意見。謙虛到這種地步會給人虛偽的印象，但是他本人並沒有笑裡藏刀的氣息，也不是故意對你明褒暗貶。

可是話說回來，跟這種人交際要顧忌禮數，也沒辦法真的暢所欲言，老實講還是太難相處了。久而久之，你會懶得跟他扯上關係，主動遠離這個人。

剛愎自用的人

遇到那種完全不聽別人意見的傢伙，也是一件很麻煩的事情。

那種人跟別人意見相左的時候，凡事一定要照著自己的意思來才開心，而且講話的內容十分極端。

周遭的人都覺得他講話太極端、太強人所難。為了壓過別人的意見，他還會口不擇言。旁人好說歹說，他就是聽不懂人話。那種人相信自己是正確的，一步也不肯退讓，口中高呼的都是自己的意見。

就當他的意見是對的好了，每個人的觀點都不一樣，至少應該多聽聽別人的看法。大家在發表意見時，都相信自己是對的，沒有人會把沒信心的意見拿出來講。但是參與議論的人，都有不同的意見，一定要妥協折衷才有辦法繼續討論下去。

但是，跟那種人討論事情只會令人火冒三丈。

「拜託聽一下人話，好嗎？」

「不要自私到這種地步，好不好？」

要忍住這種破口大罵的衝動，實在太困難了。

完全沒自覺的「豬隊友」

職場上和私生活都會有那種豬隊友，就是你知道他很麻煩，但好死不死他就待在你的生活圈裡面，你又不能老死不相往來。

問題是，為什麼一個人會豬到這麼奇葩的地步呢？周圍的人都覺得他是豬隊友，他本人倒是泰然處之，也不認為自己是個麻煩人物。他不知道自己會刺激別人的血壓，這才是最頭痛的地方。

實際跟那種人相處，你會發現他的人品也沒有多壞，那些白目的言行也不是有意為之。不過，你就是忍耐不了他的白目。偏偏他本人並沒有惡意、更沒有自覺，純天然的白目，更讓人拿他沒轍。

對付這種人還真得絞盡腦汁才行，由於他們太過麻煩，任何人都會選擇退避三舍。萬一，日常生活中不得不接觸，也會保持在最低的限度。

可是，看到這裡，應該有讀者會感到不安吧。

那些被周遭排擠的豬隊友，他們對自己的行為沒有自覺，也沒有惡意。他們根本就不曉得自己被視為豬隊友。換句話說，或許我們在別人眼中也是麻煩的豬隊友，這種可能性是無法排除的。

沒錯，請有心理準備，搞不好周圍的人也認為我們很難搞。

CHAPTER 2

豬隊友TOP 10：破壞和諧的人，到底是怎麼一回事？

現在，我們來介紹身旁常見的十種經典豬隊友，並且詳述他們的特徵。

經典豬隊友1：玻璃心豬隊友

想法太武斷，遇到一點小事就大吵大鬧。

這類型的豬隊友遇到一點小事，就呼天搶地。

你不能理解為什麼一點鼻屎大的事情，也要大呼小叫。但是對當事人來說，那可是貨真價實的大事，不是什麼鼻屎大的小事。原因在於：「雙

方的感受性不同。」

例如，他跟客戶開完會回來，看上去無精打采。你好奇地上前關心，這才知道他是被客戶給冷落了。

「那個人一定討厭像我這種類型的傢伙。」

他開始數落自己，對自己沒信心。

「你們才第一次碰面，生疏一點也是在所難免嘛，之後多互動情況就會好轉了。」

你好心鼓勵他，可惜絲毫沒有效果。

「我還是沒有自信。我很害怕給大家添麻煩，不然讓我去負責別的案子，好嗎？」

都還沒有努力過，他就想要撤了。其實這也沒什麼好在意的，但他就是沒辦法客觀看待。

有些人，就是不懂得緩和情緒

情緒波動激烈，是這種豬隊友的特徵。

一有好事就眉飛色舞，一遇到壞事就愁眉苦臉。這本來是很自然的心理變化，任何人都會有類似的反應，但是這種人的變化，特別地激烈。

一般人不管遇到好事或壞事，都會先在心中緩和情緒，反應不至於太過激烈。不過，**這種類型的豬隊友，他們沒有緩和情緒的能力，無法減弱內心的衝擊。所以，遇到一點小事就反應過度，變得極為情緒化**。

而情緒又有互相刺激的作用，那些容易受到自身情緒影響的人，也會刺激別人的情緒，結果拖著別人一起下水。跟情緒起伏不定的人相處非常累，因為對方強烈的情緒，也會多少影響到我們的情緒。

從這個角度來看，輕忽這種情緒上的缺陷，很有可能造成無法挽回的後果。

就前段提及的例子來說，也許客戶根本沒有討厭他，都是他自己在胡思亂想；但是這份胡思亂想，會引發攻擊性的情緒，刺激到客戶的感情，最後真的發展成險惡的關係。

出包也不能罵的部下

各位在職場關係中，應該很常面對這樣的豬隊友吧。

例如，店裡的客人很多，員工人手不足，大家都快忙翻了。偏偏有個傢伙做事不得要領，你實在看不下去。

「現在店裡客人很多，你動作俐落一點。」

你只是稍微提醒一下，他就馬上哭給你看，也不曉得他是覺得被罵很委屈，還是覺得自己很沒用。結果大家以為你職場霸凌，你不過是叮囑幾句，被說成職場霸凌那還得了。

你告訴他今後改進的要點，口氣也沒有很兇，他卻認為自己被罵得狗血淋頭，情緒也極度失落，甚至還落下了清淚。你很想拜託他不要哭，不然你會被旁人誤解，其實真正想哭的人是你才對。

相信很多人都有這樣的遭遇吧？連給點意見都落得這般下場，要是真的指責對方的缺失，那些天兵的反應，保證出乎你的意料之外。

你也知道罵下去後果很嚴重，但是又不能放任他對客人失禮，有時候不得不出言提醒。你好聲好氣勸他幾句，他還是失落到很誇張的地步，整個人呆若木雞，心情遲遲無法平復。你叮嚀一句，他就失能一天，接下來幾天，還有可能裝病請假。

從處理約會延期的態度，就能知道對方的心理強度

這種人從學生時代開始，就徹底發揮神經過敏、又容易受傷的性情，

動不動就因為一點小事，要脾氣或大吵大鬧。

例如，期中考的時候。

「怎麼辦啊，我讀的都忘光了。」

考前哭夭就算了，考後也要哀哀叫。

「完蛋了，沒一題會寫的。」

又是一輪吵鬧的精神轟炸。

或者，交往的戀人臨時有事情，想要更改約會的日期。

「她肯定有新歡了。」

「對了，之前我們聊天她都心不在焉的。」

連這點小事也要吵。

說穿了，就是神經過敏才會玻璃心，**這種人缺乏忍受痛苦的能力**。一**有事情，就要嘰嘰歪歪鬧彆扭，韌性**（**resilience**）**太差了**。

韌性，是最近日本教育界很重視的心理素質，又稱為「復原力」。本來，這個詞是物理學的用語，是指「彈力」的意思。在心理學中意味著「恢復力、重新振作的能力」。這是一種在困境中努力適應的本事，也是一種從失落中迅速振作的素質。無論面對再大的痛苦，也絕不放棄。這就是所謂的韌性了。

有些人不怕困境，有些人則否。那麼，這兩者的差異究竟何在？這個疑問就是人們開始研究韌性的原因。有些人在痛苦的環境中遭受打擊，雖然會暫時出現心理上的症狀，但是馬上就能恢復正常。也有人遲遲無法振作，連日常生活都過不下去。

如果你身旁有韌性奇差的人，你除了白眼翻到後腦勺以外，身為一個同事，還是要提供安慰和鼓勵。只是跟他接觸永遠要小心翼翼，忙碌的時候還要顧慮他，難免令人厭煩。

經典豬隊友2：心眼比屁眼小豬隊友

無法真誠接受別人的成功或好意的那種人。

這種豬隊友凡事都要分個高下才甘心。

例如，有一次你處理完自己的工作正準備回家，看到某位同事拚命在趕工。雖然你和家人約好一小時後碰面，但是還有一點時間，你就主動上

（羨慕到萬寶龍鋼筆的墨水與口水都滴下來了）

前詢問。

「需要幫忙嗎？」

你說完之後，對方回答。

「謝謝，我沒問題的，辛苦了！」

對方都說沒問題了，你就離開公司到街上殺時間。

下禮拜你進公司之後，一位好友找你到走廊說悄悄話。

「你上禮拜跟那傢伙有什麼過節嗎？」

你一點頭緒也沒有，所以反問好友到底怎麼一回事。

「他說，自己留下來加班，你跑去嗆他怎麼還做不完，手腳有夠慢。」

好友說，那傢伙到處跟其他人說你的壞話。

幾個比較要好的工作伙伴願意相信你，但是其他人不會找你確認真偽，你連解釋的機會也沒有，心情真是糟透了。你好心提供協助，卻有一種遭受背叛的感覺。

為什麼事情會變成這樣呢？因為對方有強烈的比較意識和對抗心。就算你只是純粹出於好意，對方「以小人之心，度君子之腹」，就會覺得你是在損他。

「你在炫耀自己工作本領高超，是吧？」

「媽的，你瞧不起我工作速度慢，是吧？」

「自以為工作迅速，臭屁三小。」

然後，對方就會有這樣的反應。

明明我們完全沒有那個意思，對方卻認為那才是事實。那是因為，我們並非活在「以事實為準的世界」，而是活在任意曲解事實的「心像世界」，所以事情才會這麼複雜。

自以為被騎在頭上

這種豬隊友看到伙伴成功也會有意見。

一般來說，同一部門的伙伴成功是值得高興的事。我們當然會有羨慕的心理，但還是會一起慶祝伙伴成功，說幾句祝福的好話。

不過，這類型豬隊友無法誠心祝福別人，也壓抑不住內心的妒意。

「接到訂單又怎樣，才多大規模而已。」

不肯祝福也就罷了，他還要貶低同事的成就才開心。

「我還接過更大的訂單呢，那時候超辛苦的。」

接著，他把話題轉到自己身上，搬出以往的豐功偉業來對抗。

這樣的人習慣用「輸贏」的觀點來看事情，由於他們心中只看得到輸贏，無法誠心祝福別人成功。因為對他們來說，別人當上勝利者，就代表他們淪落為「失敗者」。

好比，某個同事接到了五百萬的訂單。

「很厲害吧，是五百萬的訂單喔！」

競爭心強的人一聽到這句話，就有被打壓的感覺。其實對方根本沒有打壓他的意思，但是當事人有強烈的勝負意識，所以會產生被害妄想。

於是，他就反射性地譏諷對方。

「我以前還接過一千萬的咧！」

反正不還以顏色，他就受不了。

無法誠心祝福別人就算了，還總覺得自己低人一等。為了找回自信心，這種人非得說一些難聽話來貶低別人的成就，或是用炫耀豐功偉業的方式互別苗頭。而且這些言行幾乎是不經意流露出來的，他本人完全不曉得這有多可悲，還會變本加厲。

會議變成一決雌雄的戰場

對這類型的人來說，會議是一決雌雄的戰場，不發表意見他就受不了。總之，什麼事情都要發表意見，好像在證明自己多能幹一樣。就連沒必要評論的事情，也要說一堆屁話延長開會時間。其他與會者都很火大，看不慣他講一些五四三的瑣事。

如果你敢質疑這種人的提案或發言，即便你沒有找碴的意思，純粹是想確認一下要點，他也會砲火猛烈地反擊。

畢竟，**當事人有強烈的抗爭心，不管別人有沒有挑釁的意圖，他都會覺得自己受到挑釁。這是一種認知上的謬誤，稱為「敵意歸因偏誤」**，詳細內容我們留待第三章說明。

總之，**對這種人而言，別人的意見獲得採納意味著自己的失敗，自己的反駁不被接受也意味著失敗。所以，他會懷著「非贏不可的心態，以攻擊性的方式」**來議論。周圍的人看在眼裡，也幹在心裡。

這種人對任何事都有比較意識，連日常交流都可以搞得很麻煩。

例如，你在閒聊的過程中提到自己在準備考證照，考取證照是公司指定的升遷條件。

「那傢伙似乎想爬到我們頭上呢。」

結果他在你背後散布謠言，你才知道自己不該刺激到他。由於我們沒有莫名其妙的對抗意識，所以很難察覺那些競爭心強烈的人，會被一些無心之言刺激到。

又或者，你跟客戶在懇親會上閒聊的時候，客戶對你大學讀哪裡很感興趣，你們愉快地聊了很多大學的話題。

幾天後，在場的另一位同事對大家說：「那傢伙在懇親會上炫耀自己的學歷，我超怕客戶不爽的。」

事實上不爽的是他，不是客戶。

對那些競爭心強烈的人來說，你是在炫耀自己的學歷，而不是在回答客戶的問題。因此他覺得被比下去了。

經典豬隊友3：眼睛長頭頂豬隊友

做人不長眼，盡說一些破壞氣氛的話。

這種豬隊友講話白目，卻完全不以為意。

例如，有個人一回到公司就大喊。

「喂喂喂，你們聽說了嗎？這次會裁掉很多四十幾歲的主管喔！」

講出這麼白目的話就算了，還生怕大家聽不到一樣。

（靠杯，你在講三小啦！我們的課長就是四十幾歲的主管啊……）

他不明白大家沉默的理由，還自顧自地說下去。

「而且啊，會大刀砍掉那些沒有拿出成績的中年主管喔。」

這一句也是語不驚人死不休，好像在補刀一樣。

（喂、你可以再嗆一點沒關係啦！我們課長就是那個沒成績的好嗎……）

課長一臉滿不在乎的樣子，但是很顯然有聽到那些話。大伙在內心叫他閉嘴，一顆心也跟著七上八下。

生活中，還真的有這麼不長眼的人。

他們會口無遮攔地說出不該說的話，害旁人捏一把冷汗。如果人事異動符合他們要的結果，他們就會四處去跟別人炫耀，完全沒想到可能有些人對人事異動感到不滿。

或者，當他們達成業績目標的時候，就會自鳴得意。

「這一次目標超輕鬆的啦，景氣也愈來愈好了，任何人都能達標的，對吧。」

他們在炫耀的時候，都沒想過萬一有人沒達標，該怎麼辦。

假設現場真有人沒達標，其他同事趕緊轉移話題，白目的豬隊友也無法體會大家的苦心。

「你們應該也是這樣想的吧？」

然後，繼續刺激大家的神經。

在別人傷口上灑鹽也不以為意

眼睛長頭頂豬隊友不只講話讓旁人緊張，得罪人更是常有的事情。

就算彼此的關係不壞，這種人也會在歡談的場合說出很傷人的話來。

雖然說，大家也習慣他的白目了，但是在做錯事、心情不好的時候被補刀，難免感到火大。

例如，你忘記客戶交辦的事情，上司接到客訴電話後臭罵你一頓，他一看到你滿面愁容，就跑來搭話。

「你今天也太安靜了，怎麼了嗎？」

主動跑來關心，這倒沒什麼問題。

「沒有，沒事啦。」

你回答他之後，他又補了一句。

「是喔，我還以為你是不是做錯事被上司夾，你很常失誤嘛。」

他損完，還自以為幽默地大笑三聲。

當我們看到別人失落的樣子，都會給對方一點寧靜空間，但是那種人絲毫沒有同理心。他們會毫不在意地落井下石，連「同理心」這三個字怎麼寫，都不知道。

如果他們的白目影響到工作層面，那麼事情就更麻煩了。因為他們為人魯鈍，很多時候你以為自己已經表達得夠充分了，他們還是不明白你的意思。

例如，身為主管的你打算召開例行會議，要部下事先申請會議室使用權。到了開會當天，你前往會議室，發現其他同事都擠在門口，那個部下也在場。

「怎麼了？」

你詢問那個部下。

「門打不開。」

那個部下一臉喜憨地回答你。

「我不是拜託你申請會議室嗎？」

你不解地反問。

「咦？你要我申請，我確實申請了啊……」

那個部下開始支吾其詞。

你叫他申請會議室，沒有跟他說要借鑰匙。其他部下一聽就知道申請會議室也要去借鑰匙，他卻不明白你真正的用意，實在令人傻眼。

「不然是要叫誰開門啊？」

你在心中幹個半死。

委婉的說詞完全沒用

還有一種情況，也愈來愈常見了，**這些豬隊友你不把話挑明，他就是聽不懂**。

這種豬隊友性格魯鈍、又不會察言觀色，很不擅長帶有言外之意的溝通方式。如今，為人魯鈍的豬隊友愈來愈多，我們說話得盡量表達得明確一點。問題是，再怎麼明確也是有個限度的。如果凡事都要直截了當地說出來、直截了當地確認，那麼我們會耗費許多時間和功夫。在某種程度上，我們只能請對方自行體會。所以，遇上這種為人魯鈍型的豬隊友就非常麻煩。

有些事情不必明講也該瞭解，偏偏他們就是不開竅。只要是人都該懂的東西，他們就是聽不懂。

文化人類學者霍爾（G. S. Hall）說：「文化有分成仰賴語言溝通和不仰賴語言溝通的類型。」他還提出文脈度這樣的概念。缺乏文脈度的文化，人與人之間沒有共通的文化脈絡，非得用語言完整表達，才能互相理解。像歐美國家那種精確表達的溝通方式，就是文脈度較低的文化所具備的特徵。

反之，文脈度較高的文化，人與之人之間有共通的文化脈絡，屬於不必仰賴語言也能互相理解的文化。像日本這種不需要精確表達的溝通方式，就是文脈度較高的文化所具備的特徵。

好比，委婉的說詞、心領神會、不必言傳的默契、相互體諒等等，這些主動察覺言外之意的特殊溝通方式之所以可行，主要是日本人有高度的同理心。

我們會用比較委婉的方式拒絕別人，不贊成別人的意見也不會直接反對，很多事情我們希望不必挑明就有傳達效果，而且會去觀察對方的期待和要求，事先採取行動。歐美人採用的是文脈度較低的溝通方式，對他們來說，這些都是莫名其妙的事情，但是對我們日本人來說，卻是極其自然的事情。

我們從小就習慣「文脈度高」的溝通方式，因此也有較高的同理心。

「遲鈍」的人只想到自己的需求

不過，隨著生活方式和文化逐漸歐美化，最近有愈來愈多日本年輕人不適應文脈度較高的溝通方式。當事人以為自己有好好地完成別人交代的工作，無奈他們不瞭解言外之意，經常會幹出一些觸怒旁人的事。

「大家說的常識，我不太懂是什麼意思。」

「大家說我的觀念不太對，到底是哪裡不對我並不清楚。」

有些學生也跑來找我商量類似的問題。面對這種為人魯鈍、又不會察言觀色的傢伙，你很難每件事都解釋給他們聽。

有時候這跟「發展障礙」也有關係，當事人也認真想改進自己的缺點，旁人多半會壓下怒火細心地指導他們。

真正讓大家不爽或傻眼的，是這種不把其他人放在眼裡的自私豬隊友。**他們眼裡只有自己，一點也不關心別人。這種人也不會發揮一絲想像力，去思考別人有什麼需求或感受，所以為人魯鈍又不懂察言觀色。**

這跟自我中心的文化有密切關係，關於這一點我們留待第三章探討。

總之，這類型豬隊友所有的言行都在滿足自己的欲望，根本不會顧慮別人，想說什麼就直接發洩出來。旁人會有什麼樣的心情和反應，不在他們的考量範圍之內。大家對他們翻白眼，他們也還是說個不停。

這樣的遲鈍性情對旁人來說，純粹是麻煩，而他們本人卻沒有惡意，還真不知道該拿他們怎麼辦才好。

經典豬隊友4：被害妄想豬隊友

總是有許多不必要的藉口和道歉。

這類型豬隊友「自我防衛意識太強」，遇到事情就找一堆藉口，或是採取明哲保身的態度，遇到這種豬隊友也很麻煩。

如果你有這類型的下屬，血壓很容易飆高。

（沒人怪你好嗎⋯⋯）

當上司的必須瞭解整個部門的工作狀況，假設你詢問他的工作進度。

「不好意思，我會盡快完成的，請多給我一點時間。」

他不會直接回答你的問題。

「不是，我沒有在催你，我是要你回報狀況。」

你再重問一遍，他還是聽不懂人話。

「真的很抱歉，客戶的問題有點難回答，處理起來可能會慢一點。」

反正這種人藉口一大堆，稍微確認一下狀況也很花時間。

或者，你對工作進程有些不清楚的地方。

「麻煩你告訴我，這是怎麼一回事？」

你向他要一個解釋。

「呃，我也認為這件事不太妙啦。是說，我很贊成應該快點處理好……」

他又開始顧左右而言他，你也沒有責備他的意思，純粹是要確認狀況而已，他卻搬出一對垃圾藉口迴避問題，挑戰你的忍耐極限。

為什麼有人被分配到工作就面有難色？

這種類型的豬隊友，會做一些「自我設限」的行為。

所謂的「自我設限」，屬於一種印象操弄。也就是先給自己設下不利的條件，以免失敗的時候，被當成無能的廢物。

例如，他們會付予某個課題很困難的印象，並且列出他們認為困難的原因。

「綜合以上幾點來考量，這件事非常困難，我會盡全力處理的。」

事先告訴大家狀況不利，萬一努力之後成果不盡理想，也不會被視為無能之輩。這等於是在事前替自己塑造一個「不懼艱難、險阻的挑戰者」形象。

還有一種狀況，是「強調自己的狀態有多差」。

「這陣子我的專注力不太好，但是我會盡力一試的。」

先替自己設限，就能減輕失敗時的傷害。

花招，還不只如此。

例如，你交辦一件工作，還定了一個大略的期限。

「是，我知道了。」

對方先接下工作，之後又說。

「其實呢，我現在手頭上有一件很緊急的工作。呃呃……那是客戶要我辦的，而且是很龜毛的客戶，我得分一點心力去完成才行……」

都接下工作了，卻開始說自己是大忙人。

「你的意思是，你沒空處理囉？」

當你想交給別人的時候。

「不是，這個期限沒問題。」

他又跟你掛保證。

（那就不要嘰嘰歪歪一大堆，好嗎？）

你很想這樣嗆他。但是他是在先替自己設定不利條件，以免之後工作處理不好被罵。

也有用「身體不適」，來當藉口的。

「之前，我健康狀況不好，雖然已經沒事了，但是還沒恢復到最佳的狀態……」

人家都說自己身體不好了，你也只好找別人來處理。

「不過，我真的沒事了，還是交給我吧。」

才剛說自己身體不好，現在又主動請纓。

（那就不要哭夭啊，麻煩死了。）

你都快忍不住要嗆人了，他刻意表明自己不在最佳狀態，也算是替自己失敗的時候找臺階下。

不適合領導新事業的保守上司

總之，這類型的豬隊友會用各種花招替自己設限，來把失敗時的損害降到最低。

萬一，你碰到這種豬上司也很麻煩，他們非常在意責任歸屬的問題，而且過度害怕失敗的風險，遲遲不肯採取行動，愈有幹勁的部下愈會被他們氣死。

例如，你的提案在會議上快要通過了。

「可是，這個提案你能保證百分之百成功嗎？」

這時候，膽小的豬上司就會問你成功率。這世上沒有什麼百分之百成功的事情，你主動表明失敗時願意承擔責任，對方也不買帳。

「你講得好聽，但是出事的時候還是我這個上司要扛啊。」

除了當不沾鍋以外，他就沒有別的話好講了。

任何創新的點子都會被這種豬上司糟蹋，反正不冒險就不會有致命的失敗，他們只想躲在自己的舒適區。說穿了，過度明哲保身的人，他們做任何事都是出於迴避失敗的動機，而不是追求成功的動機。

迴避失敗和追求成功，顧名思義一則著重規避風險，一則著重獲得利益。「動機」這個字眼，給人一種比較積極正面的印象，但是有些人是努力追求成功，有些人是努力規避風險。

追求成功的欲望較強烈的人，他們看重成功的美好更勝於失敗的痛苦，所以勇於挑戰，不畏失敗。反之，害怕失敗的人，他們在意失敗的痛苦更勝於成功的美好，所以不敢放手一搏。那些期待積極行動或是想放膽行動的人，最後都會被他們氣死。

用自我設限的方式減輕失敗時的傷害，也是這種豬隊友的慣用伎倆。對有心追求成功的人來說，太害怕失敗的人，是非常麻煩的豬隊友。

經典豬隊友5：正義魔人豬隊友

那種自以為是正義感的人。

現今是網路時代，時常可見到一些自以為是的正義魔人。
他們習慣用自以為是的正義感來看世界，一有他們看不順眼的事情，就會帶著打抱不平的心情，攻擊別人。

（上身）

例如，消防隊把消防車停在餐廳的停車場，穿著制服吃飯，他們就有意見了。

「利用勤務時間吃飯，真是太不像話了。」

「消防車怎麼可以公器私用。」

「這是在浪費市民稅金。」

諸如此類的屁話，就噴出來了。

或者，販賣白米的廠商在召募代言小姐，傳單上寫道：「徵求白晰、性感的女孩。」

「女人不白就不行嗎，這是歧視吧？」

「他們瞧不起黑肉底的。」

連這也有意見。

過去，有廠商在推廣烏龍麵的卡牌中，寫下一首打油詩，大意是說：烏龍麵白白胖胖、嚼勁一流，簡直就跟家庭主婦一樣。

「這家廠商是不是瞧不起家庭主婦啊？」

結果，就有正義魔人打去客訴了。

我講的這兩個例子都是真實發生過的案例，這類型的豬隊友自以為是在**伸張正義**，卻完全**不會站在別人的角度來思考**。

搞不好消防隊忙到沒時間換衣服，稍微體諒一下，很難嗎？因為米飯是白色的，廠商才需要皮膚白晰的女性，人家又沒有攻擊皮膚黝黑的人，說不定換成其他商品，就會找黑皮膚的女性代言了。烏龍麵的卡牌也只是開個玩笑，很多主婦也覺得有趣，沒有人受傷啊。

講話極為武斷

許多團體對類似的客訴相當敏感，公司裡若有這種正義魔人，那可就麻煩了。不管大家在會議上提出什麼意見，正義魔人都會批評一番。

「這個提案肯定會招致大眾反感，我們是不是應該謹慎考量呢？」

打著「大眾觀感」的旗子，其他人也不好意思反駁，但是這樣搞下去，沒有一個案子能通過。

自以為正義的豬隊友，總是把話講得很武斷，別人的意見跟他們不一樣，他們就會斬釘截鐵地反對。

「這絕對是錯的。」

「你這個意見實在太奇怪了。」

「這不可能。」

他們把自己的觀念視為絕對，容不下別人的意見。

一般來說，當我們碰到不一樣的意見，通常會委婉表達。

「這個應該不太對吧。」

就算我們內心不太認同，也會換個角度思考。

「原來還有這樣的看法。」

正常人會站在「別人的角度」，來看事情。不過，正義魔人「無法跳脫自己的觀點」，所以他們不會站在對方的立場來看事情。他們不認為雙方講得都有道理，而是單方面地否定對方的意見。

這種豬隊友完全不肯接受別人的想法，跟他們討論事情無疑是雞同鴨講。正義魔人缺乏瞭解別人的肚量，一聽到不同的意見就直接否定對方，有時候甚至會變得充滿攻擊性。

陶醉在自己是正義之士的幻想中

這種人會陶醉在自己是正義之士的幻想中。

有一個名詞叫「社會正義戰士」（SJW），本來是指那些觀念新穎的有志之士，為了改革社會而發言或推行運動。而今，這個詞泛指那些「排除異己的守舊人士」。

社會正義戰士的特徵是，他們秉持著自以為是的正義感來改革社會或組織，並且徹底攻擊跟自己價值觀不同的人物、組織、制度。他們相信自己正確無誤，是正義的一方。但是在客觀的第三者眼中，他們純粹是偏見、觀念死板的聚合體。

正義魔人太過強硬、態度又極具攻擊性，對於不同的意見完全充耳不聞，看起來就像失去冷靜的偏執狂。一有他們看不順眼的事情，就會大吵大鬧。

「那個人的做法有問題！」

「那個制度太奇怪了吧！」

「那個組織有毛病吧！」

旁人都被他們的偏執嚇到退避三舍。

「這是不是太極端了一點？」

「事情沒有他們講得那麼嚴重啊？」

我們覺得沒什麼大不了的，但是正義魔人相信自己絕對正確，還會反過來責怪我們這些正常人。

「為什麼大家都不懂啊！」

「這是因循苟且！」

看到他們義憤填膺的模樣，旁人心裡也覺得莫名。

「有什麼好抓狂的啊？」

「事情有必要搞得這麼誇張嗎？」

大家都很受不了他們，他們卻認為多一事不如少一事的觀念是錯誤的，甚至還產生一種莫名其妙的「使命感」，要點破大家不敢講的問題。

英雄情結：其實出於自卑感

正義魔人的想法是，許多人碰到不公不義的事情只會裝聾作啞，敢於打抱不平的自己是正義的英雄。這種意識其實是「彌賽亞情結」在作祟，也就是極欲拯救社會或組織的心理，下意識地把自己當成救世主。講好聽叫「拯救」，事實上他們是「好心，做壞事」。

他們以為自己的行動是出於正義感，但是內心隱藏著自卑和扭曲的優越感。這兩種心態錯綜複雜地牽扯在一起，他們的言行才會如此極端。

另外，可能是在職場上表現平平或與周圍互動格格不入，才會產生一種「毫無自覺的**自卑感**」，然後佯裝正義之士攻擊某些人物、組織、制度，試圖擺脫窩囊的心態。畢竟攻擊有缺失的目標，可以大大提升自己的價值。

這些行為純粹是受到衝動影響，缺乏冷靜客觀的態度，因此也不會有建設性的議論。不管大家怎麼勸戒他們，他們也只會堅持自私的主張，不肯聆聽別人的意見。真的是非常麻煩的人物。

經典豬隊友6：死腦筋豬隊友

太計較無關緊要的手續，絲毫不懂得變通。

這類型的豬隊友很拘泥手續和規則，整天搬出龜毛的教條來妨礙別人工作，完全不知變通。

遇到這種死腦筋上司，會讓整個職場失去活力。

釋迦牟尼菩提樹下沉思7749天得道成佛，而我的主管也想了7749天……終於核准了我的公假單。

「我們需要一個勇於放手挑戰的體制。」
他們嘴上講得很好聽，真正遇到事情的時候就縮了。
「還是按照規定的手續辦事好了。」
「這種事沒有前例，應該行不通吧。」

當部下真的要放手一搏的時候，這時他們就專門扯部下後腿。不過，當事人並沒有扯後腿的自覺，他們深信自己是在「履行管理義務」。

超喜歡遵守法規

自從遵循法規的風氣盛行，這種類型的人終於找到自己存在的意義，更盡情發揮龜毛的特長。

「輕視法規，這怎麼行呢？」
他們常執著一些沒意義的法規，妨礙別人工作。
例如，你忘了申請出差，到了當天早上才急急忙忙交出去。雖然變成先斬後奏，但是你已經跟客戶約好要一起視察了。
「出差許可還沒有發下來啊。」
龜毛豬隊友死也不准你離開。

說穿了，那只是一個形式而已，許可遲早會發下來的。再者，跟客戶約定的時間又沒辦法臨時更改，你拜託他通融一下。

「你去跟對方聯絡，請他們延期啊。」

結果，他還是以「規則為重」，確實忘記申請是你有錯在先，但是稍微通融一下又不會死。這種龜毛的豬隊友同事，真的很顧人怨。

凡事書面申請、等候通知

現在有愈來愈多上班族抱怨，連買個工作用的東西都要提出申請等候通知。

例如，一小時之後開會要用到的文具，你打算先買來準備。

「請先填公司的文具申請，不要擅自購買文具。拜託財務部趕快審核的話，今天下午就會通過了，會議就延到下午再開吧。」

死腦筋豬隊友硬是要你守規則。

那些都是工作上會用到的文具，審核通過是遲早的事情，根本不值得為了文書工作延後開會的時間。大家都很受不了墨守成規的笨蛋，有的人乾脆自己貼錢購買省得麻煩。

又或者，客戶對我們的提議很感興趣，並且提了一個不算過分的要求，你同意對方的要求之後，回報給上司。

「不是跟你說過，工作流程要按部就班嗎？你要先在會議上提出說明，並且獲得大家的認可才可以往下進行。剩下的事情之後再來談吧，你先讓客戶等著。」

這種臨時喊停的舉動，根本是在妨礙公司接單做生意。有的業務很常遇到類似的問題，最後失去了認真拉客戶的熱忱。

為什麼拘泥規則的人拿不出成果

懂得判斷狀況臨機應變的人，會對墨守成規的豬隊友感到不滿，因為那些死腦筋不瞭解什麼叫「因時制宜」。

過度計較規則的豬隊友缺乏這種能力，他們沒有自信做出靈活的判斷，才會仰賴規則。這就是拘泥規則的豬隊友能力低的原因。

他們心裡並不相信自己的判斷力，只是對此沒有明確的自覺。他們知道自己不擅長處理靈活多變的狀況，因此極力逃避需要臨機應變的場合。

死守規則就不必自己做出決定了，這是屬於一種自我防衛的心態。就算錯失良機，循規蹈矩做事也比較不會被責罵。他們可以說自己重視規則，拿規則來當藉口。

另外，拘泥規則或程序的豬隊友，通常也缺乏邏輯思考能力。有邏輯論述能力的人，在必須違反規則的情況下，如果沒有違反道德問題，墨守成規又沒有意義，他們就會擺脫規則的束縛。缺乏邏輯能力的豬隊友沒有自信可以說服別人，因此遇到任何問題就搬出規則。

對精明靈活的人來說，規則是「笨蛋的屏障」

有邏輯能力、創造力、企劃力的人，特別討厭那些拘泥規則的死腦筋。懂得自己動腦思考的人，不明白為何有些人寧願循規蹈矩，也不願意動腦思考。

不過，過度拘泥規則的豬隊友不依賴規則，內心會很不安。依照規則行動就不必自己判斷了，一直保持遵守規則的態度，還能隱瞞自己缺乏創造力和判斷力的事實。說穿了，這類型的豬隊友，對自己的能力沒有信心。

對於那些有能力又有幹勁、懂得自行判斷採取行動的人來說，拘泥於規則的人，無疑是妨礙他們做事的麻煩屏障。

經典豬隊友7：傲嬌豬隊友

沒被稱讚就不開心的類型。

最近，沒被稱讚就缺乏幹勁的豬隊友，有愈來愈多的趨勢。

一般來說，在困境中奮戰不懈或是完成了不起的功業才會獲得稱讚，把該做的工作做好，不是什麼值得稱讚的事情。

然而，這種類型的人，從小到大備受師長稱讚，他們以為沒幹什麼大事也能受到讚美，於是動不動就期待別人稱讚他們。

無奈現實環境嚴苛，這些期待往往得不到滿足。於是，他們就會展現出「不高興的態度」，或是「失去做事的幹勁」。

簡單說，他們就是傲嬌。

很看重讚賞的人通常有兩種類型。

一種是小時候缺乏父母關愛，沒有同理心和包容心，自尊感情發展不夠健全，所以極度需要別人的讚賞來維持信心。另一種是小時候父母過度寵愛，覺得自己與眾不同，所以極度需要別人的稱讚。

自認為「獲得稱讚才會進步」的年輕世代

最近，有愈來愈多年輕屬於後者。

「我是被稱讚才會進步的類型。」

這種類型的豬隊友還會大言不慚地說出這種話來，周圍的上司和前輩聽了只能猛搖頭。

（我們不需要這麼嬌貴的廢物。）

大家忍住反嗆的衝動，表面上還是和氣相待，否則一不小心罵到他們，他們就會說那是職場霸凌。

（拜託別鬧了，這種廢物是要怎麼培養啊？）

遇到嬌貴的天兵，任誰也拿他們沒轍。一想到現在還有公司會開課教導大家如何稱讚年輕人，腦筋正常的人不免會想。

（為什麼我們非得討好那些白目啊？蠢死了。）

內心會感到厭煩，是理所當然的事情。

出了社會以後，努力通常是得不到回報的，你很難拿出值得受人讚賞的成果。但是，我們也只能咬緊牙關努力下去，在缺乏讚賞的情況下，還是要持續自我精進。

沒被稱讚就不會進步的人，等於是在嚴苛環境中派不上用場的廢物。不過，在職場上遇到這類型的部下或後輩，除了多講些好話循循善誘以外，也別無他法。

喜歡別人逢迎拍馬屁的上司，用人唯親

一旦這種嬌貴的豬隊友當上了上司，也很麻煩。沒人拍馬屁，他們就心情不爽。有時候他們講一些理所當然的廢話，旁邊的應聲蟲部屬就會趕緊回應。

「真不愧是課長，超犀利的啦。」

應聲蟲部屬會把上司捧得心花朵朵開。

（想必課長到底在說什麼，他根本搞不清楚狀況吧？）

有時候豬隊友上司的發言讓人直翻白眼，旁邊的應聲蟲部屬卻是大力地附和。

「課長說的真是金玉良言吶。」

豬隊友上司聽了，也非常滿意。**沒有人逢迎拍馬屁，他們就會鬧脾氣，這代表他們對別人拍馬屁這件事毫無抵抗力，因此用人方面也會特別偏心。**

例如，你看上司在忙，不好意思跑去打擾他，就自己努力完成報告。不料，上司收到報告之後態度十分冷淡，有一次你跟前輩討論工作時談到這件事，前輩告訴你。

「你中途沒有跑去找他商量，所以他才不開心啦。」

聽到這種荒謬的理由，大家都覺得莫名其妙。

「你看，課長不是很喜歡○○嗎？你知道為什麼嗎？因為不管課長再怎麼忙，他都會跑去請教課長的高見。」

「咦？跑去打擾課長的人，反而變成大紅人？」

「任何人都喜歡被別人依靠啊，尤其那位課長喜歡人家拍他馬屁，他希望自己在別人眼中，是不可或缺的一號人物。」

這時候你才想起，每次別人找他商量事情時，他都是一臉開心的模樣，顯然前輩講的並非假話。

整天要顧慮上司的心情

我會提倡「討好上司的三大職場溝通手段」，也是出於這個理由。

所謂的「三大職場溝通手段」，是指「聯絡、報告、商量」這三項。上司必須把握每一位部下的工作狀況，所以才需要這三項溝通要素，這三者講究的是實務上的意義。

不過，心理學上的意義也不能輕忽，也就是討好上司的意義。

上司總是擔心部下是否尊敬自己、是否景仰自己、是否瞧不起自己等等。部下跑去仰賴上司，上司就會感受到自己的重要性，因而紓緩心中的不安。

因此，當下屬的人凡事都要跟上司聯絡、報告、商量，也是為了討好上司的關係。喜歡部下拍馬屁的上司，其實「缺乏自信」，內心懷有極大的不安，這時部下的仰賴，便是他們的一大心理慰藉。

掌握這個關鍵就很好操弄他們了，但是做什麼事都要顧慮他們的心情，實在很麻煩。

經典豬隊友8：口是心非豬隊友

表面客套，內心卻期待別人幫忙。

「客套」是一種美學，但是過度的客套也是麻煩。這類型豬隊友明明就希望我們主動伸出援手，表面上卻佯裝客套。

（夠了吧，別再裝了，快點說出真話，好嗎？）

全部交給我吧，我可以搞定的啦！
（糟糕，怎沒人追過來幫忙）

你會想這樣講，也是情有可原的。

好比，客戶在假日舉辦一場活動，公司必須派人參加。

「那一天我答應孩子要帶他去遊樂園玩耶……」

假掰的豬隊友開始找藉口了。

「我去吧，反正週日我閒著也是閒著。」

當你自告奮勇，對方卻回答。

「可是，害你浪費難得的假日，我也過意不去啦……不然，我跟孩子商量一下，看能不能延期好了……」

假掰的人又滿嘴屁話了。

「我真的沒關係啊。」

你表示不介意，對方又講一堆五四三。

「真的沒關係嗎？唉呀、不好意思吶……」

你就看他一直假裝猶豫不決的樣子。

（靠杯，那你一開始不要說自己沒空啊。）

你壓抑著想嘴爆他的衝動。

「放心啦，你真的不用介意。」

然後，對話繼續跳針。

有長眼睛的人都知道他是在說客套話。

（這是什麼假仙儀式啊，每次都搞這套不累嗎？）

想做點好事最後都落得火冒三丈，這年頭好人還真難當吶。

「自謙」的印象操作

假設公司要推動某個企劃，到了要舉薦負責人的階段，有人怯生生地表示自己有興趣試看看，大家也尊重他的意願，決定給他一個機會。

「不過，我的能力可能不夠……」

「應該還有更合適的人選吧……」

不料，他卻開始婆婆媽媽。

這是「不想被當成厚臉皮的心態」在作祟，所以才表現出過於謙遜的態度，下意識地替自己進行印象操作。

（啊，不是說自己有興趣嗎？真是有夠麻煩的。）

結果，搞得大家也不耐煩了，但是表面上還是鼓勵他要有信心呀，不必推辭也沒有關係。

過於謙遜的人到底在想什麼

妄自菲薄的豬隊友，也很麻煩。

他們的口頭禪如下。

「我太沒用了。」

好像不自虐個幾句，他們就渾身不對勁。

「大家都好能幹喔，真羨慕大家。哪像我做事都不得要領，盡幹一些蠢事……」

「總覺得我一直在扯大家後腿……」

「真羨慕那些能幹的人，哪像我很沒有用……」

這種人一直在哭夭自己有多無能，而且哭夭得不遺餘力。

彰顯自己「能幹」，這一點大家還可以理解，但是為什麼要彰顯自己「無能」呢？這就有點莫名其妙了，其實原因在於：**他們需要旁人的鼓舞和安慰**。

「你也很能幹啊，怎麼會無能呢。」

他們真正需要的是這句話。

事實上，你也看得出來他們是在討拍。

（你嘛卡差不多咧。）

你的白眼都要翻到抽筋了，但是最後還是得說出老掉牙的好話來安慰對方。

經典豬隊友9：抓不到重點豬隊友

講話不著邊際，聽不懂他到底想表達什麼。

這類型的豬隊友講話不得要領，聽他們談話只會血壓直直飆高。

首先，他們的開場白很**冗長**。

這類型的豬隊友報告工作進度或商量事情，你只會愈聽愈火大，因為

你搞不清楚哪些部份是開場白、哪些部份是正題。
「所以，你的意思是這樣就對了？」
當你試著替對方歸納要點。
「呃呃、關於這個呢……其實是這麼一回事啦……但是呢，實際上還發生了那樣的狀況……對此呢……」
接下來又是一長串不著邊際的屁話，你再怎麼專心聆聽，也聽不出來他到底想說什麼。

講話冗長的人太著重「細節」，而且是過度著重細節，因此內容才會又臭又長。他們以為自己是在鉅細靡遺地「說明」，但其他人根本聽不懂談話的重點是什麼。

這種人一打開話匣子，你就要有陪他們扯到天荒地老的心理準備。在工作忙碌的時候跟他們扯上關係，你會煩到很想跪地求饒。

這種人在會議上一開口，氣氛馬上為之丕變。
「這場會議白開了。」
「我看，短時間內是講不完了。」
會議室內會瀰漫著一種哀莫大於心死的氣息，有些人甚至會開始幹副業貼補家用。反正大家都知道認真聽也是白費力氣，一切都是徒勞無功。

談話缺乏主題就罷了，還講到各種情況和原委，但通常都不是當下應該談論的話題，彷彿一定要把自己知道的事情全都說出來才甘心。

沒有歸納要點的能力

細究其原因，主要是**這類型的豬隊友「不懂得取捨」，所以他們沒辦法簡單扼要地表達事情。所謂的見樹不見林，指的正是這類型的人。**

「要說明這件事情，提出這個要點比較好懂。講其他的反而容易造成混亂，最好還是別提為妙。」

「講無關的事情會模糊焦點，對方也不清楚我們想表達什麼，所以講重點就夠了。」

一般來說，我們會省略不必要的旁枝末節，簡單扼要地表達自己想說的事情，這樣對方比較容易瞭解我們想要講什麼。

不過，這類型的人不會省略旁枝末節，他們不知道該如何歸納要點，才能營造出有效的對話方式。於是，他們只好把自己知道的統統說出來。一切都按照先後順序平鋪直述，沒有任何的取捨，也難怪聆聽的人不曉得他們要表達什麼了。

「啊！你到底想講什麼啦！」
聽到後來，神經線真的會斷掉。

經典豬隊友10：卡講攏係過去豬隊友

執著於頭銜，退休後仍然惹人厭。

通常豬隊友離開工作崗位之後，也不會再惹出什麼麻煩事，但是還有一種豬隊友，退休之後一樣會繼續給大家添麻煩。**退休後一樣麻煩的豬隊友，主要是執著於過去的頭銜，好以維持自尊**

心的類型。尤其以前在工作上擔任過管理職，那種喜歡拿權力當自己心靈依靠的人，特別麻煩。

參加老同學之間的聚會，他們也會故意提起自己以前的頭銜，一旦自己的地位比其他同學高，就擺出一副了不起的樣子。如果有人稱讚他們的頭銜，喜悅之情馬上溢於言表。

這類型的人沒被拍馬屁就會不開心，可是大家也不希望把氣氛搞差，沒有人會當著他們的面抱怨，但是心裡都覺得他們很麻煩。

其實頭銜這種東西，只對有利害關係的對象有意義。例如，公司組織裡的同事或者業者等等。在其他的人際關係當中，頭銜純粹是沒有意義的符號。不明白這一點，還擺出不可一世的態度，未免也太滑稽了。

這類型的豬隊友參加同好之間的聚會，也沒辦法和旁人打成一片。他們自命不凡，把受人追捧視為理所當然，看到別人在處理雜務也不會幫忙。明明是新來的菜比八，卻表現出自己不該幹雜務的尊大態度，儼然是一副拒絕融入群體的姿態。

在鄉鎮會議上惹人厭的傲慢大叔

這種人參加鄉鎮大會或管委會之類的地方集會，也是極盡擺老之能事，大家都對他們敬而遠之。然而，他們卻以為周圍的人很敬重自己，自己的意見肯定會被接受。

萬一大家不接受他們的意見，他們就會耍脾氣破壞現場的氣氛。因此，旁人也不得不賣點面子給他們，真是有夠麻煩。

這種矯情的老豬隊友不是退休之後才突然變得矯情又麻煩的，他們在還沒有退休之前，就已經開始透露出一些端倪了。

例如，參加學生時代的朋友聚會，他們特別在意其他人的社會地位，包括：別人的頭銜和公司知名度等等。朋友之間的交往與社會地位無關，但是他們一看到對方社會地位不如自己，就會展現狗眼看人低的態度，甚至囂張地對他人說教。反之，遇到社會地位比自己高的，他們就會搶著去拍馬屁。

他們習慣用「頭銜」來判斷一個人的價值，想當然耳，頭銜就是他們的驕傲，也是他們仰賴的心靈依靠。由於他們懷著「頭銜，等於自我價

值」的觀念，一旦失去了頭銜，就根本沒有個人魅力可言。

無法跟別人對等交往的可悲人生

職場上的權責是他們的一切，他們沒有好好享受過自己的人生和私生活。他們擁有的也都是權責上的人際關係，這種人沒辦法誠心誠意與人交往，這是一種非常寂寞的人生。

所以，退休之後，失去了頭銜是他們人生的一大危機，因為再也沒有對他們唯命是從、逢迎拍馬的部下或者業者了。沒有人討好他們，欲求不滿的心靈就愈來愈暴躁。

他們一抓到機會就論及自己過去的頭銜，想要告訴旁人自己有多麼了不起。他們的人格魅力，也因此降到了谷底。

在朋友、同好、鄰居的關係當中，大家都是平等的存在，和這種類型的豬隊友相處起來很麻煩，所以大家也盡可能不想和他們扯上關係。

CHAPTER 3

豬隊友心理學：豬隊友為什麼是豬隊友

容易惱羞成怒的人有什麼心理問題

有些豬隊友你點出他的缺失，他就馬上抓狂給你看。你也不是在責備他什麼，只是告訴他哪些地方需要改進，他就覺得自己的一切都被否定了，拚命找藉口替自己開脫。

聽他說那些藉口純粹是浪費時間、延宕工作進度罷了。當你隨便敷衍幾句想要打斷他，他還滿臉不服氣。一想到他可能在背後說你壞話，你的心情就很沉重。

對方莫名其妙惱羞成怒，實在是有夠難搞的。

那麼，為什麼這種豬隊友會如此充滿攻擊性呢？

事實上，充滿攻擊性的豬隊友多半有「認知偏差」的問題。

對於一般人不會有太大反應的語言或態度，他們會表現出情緒化的反應，採取攻擊性的態度。這麼做的原因在於，他們從別人的言行中感覺到惡意。這就是所謂的認知偏差，他們理解別人言行的方式有問題。

社會訊息處理理論，是心理學家克里和道奇（Kenneth Dodge and Nicki Crick）所提倡的。這個理論的說法是，人類在處理旁人的言行等社會性的訊息時，會經歷下列六個階段。

①將外在或內在線索符號化
②解釋線索
③明示目標
④檢討反應
⑤決定反應
⑥實行

比方說，我們會注意別人的言行，以及那些言行在我們心中產生的情緒；之後分析對方言行的意義，思考該採取何種應對方式。等我們檢討具體的反應方法，便會做出決定，付諸行動了。

其中，最重要的是「解釋線索」這一階段，也就是如何解釋別人的語言或態度的意義。同樣一句玩笑話，有人聽了覺得備受汙辱而生氣，也有人聽了覺得那是一種幽默，還會跟對方一起哈哈大笑。**解釋言行的方式不同，採取的反應也會大相逕庭。充滿攻擊性的豬隊友敵意破表，就是解釋方法出了問題。**

一般人不會認真看待的言行，他們會採取很情緒化的反應。常人無法理解他們為何如此斤斤計較，用這麼扭曲的態度看事情根本沒好處。細究其原因，就在於認知上的偏差，他們凡事都往壞的方面想。

所以明明我們沒有任何惡意，他們卻採取攻擊性的反應。你可能以為只要把誤會說清楚就沒事了，但是充滿攻擊性的人就是聽不懂人話，要不是在你面前吵個天翻地覆，就是在你背後說壞話。

以為別人心懷敵意看不起自己

這種認知上的偏差又稱為：「敵意歸因偏誤。」也就是，認定別人的言行充滿惡意，屬於認知傾向上的扭曲。

當他們聽到別人談論自己，就自動從中找尋敵意。

「那個人是不是在損我啊？」

「那群人想排擠我，是吧？」

他們有做出負面解釋的認知傾向，內心把對方當成加害者，自己則成了可憐的被害者。**擁有敵意歸因偏誤的人，會從一些無心之言或不經意的態度中感受到敵意。有時候他們甚至會曲解別人的好意，主動採取攻擊行動，報復那些對自己懷有敵意的人。**

在許多敵意歸因偏誤的研究中，都有證明這一點。

「關係攻擊」是指，惡意操縱人際關係的意思。

例如，散布負面的流言，刻意扭曲訊息來煽動眾人的不信任感，這種關係攻擊傾向明顯的人物，通常都以為自己遭受關係攻擊的危害，必須採取報復行動來維護自己。

連朋友的無心之言他們也覺得充滿敵意，還逕自做出負面的解釋，一口咬定朋友討厭自己或者排擠自己。

簡單來說，這類型的豬隊友很容易有被害意識，說是「被害妄想」也不為過。於是乎，他們就會採取「攻擊對方的行動」。

像這種稱為「敵意歸因偏誤」的認知偏差，背後的原因是：缺乏基本的信任感和害怕被瞧不起的不安。

願意信賴他人者會表現出友善的態度，善意解釋他人的言行舉止。當然，與人為善的人也比較容易被騙，但是他們寧願相信也不願猜忌。

相對地，基本上不信賴任何人的傢伙，總是對他人保持戒心，懷疑對方的言行是否不懷好意或別有居心。久而久之，連沒有惡意的言行他們也會解讀出惡意，採取反擊的行動。

另外，怕被瞧不起又缺乏自信的人，非常擔心別人看輕自己，因此很容易把一些無傷大雅的言行，當成是在侮蔑自己。

由於這些神經病心懷敵意歸因偏誤，稍微感受到別人懷有敵意（其實只是他們自以為別人有敵意），就會採取報復性的攻擊。

心中的客觀性整組壞光光

我們在第二章有提過一種「眼睛長頭頂豬隊友」，會不假思索地說出令人不快的話，破壞現場的氣氛。

（這些話不能說出口啦，拜託你說話前思考一下好嗎？）

旁人被他們的白目言詞嚇得驚慌失措，只想趕快轉移話題，他們倒是一副沒什麼大不了的欠揍模樣。

生活周遭有這類型的豬隊友，大家一刻也無法心安。

另一種卡共攏係過去豬隊友，則是喜歡自吹自擂，聽他們講那些老掉牙的當年勇也很煩。旁人都很受不了他們一而再、再而三地自誇，他們卻毫不在意，自顧自的說個沒完。在旁人眼中他們就是個可悲的人物，但他們完全沒發現自己的誇耀適得其反。

這些豬隊友都缺乏「自我監控能力」。

心理學家史奈德（Mark Snyder）表示，每個人對感情表達和自我呈現（印象操作）的看法不同，控管方式也因人而異。因此，他提出了自我監控能力的概念，來說明這樣的個人差異。

所謂的「自我監控能力」，就是觀察和調整感情與自我呈現的意思。

簡單來說，**自我監控是一種觀察周遭反應，來看自身言行是否恰當的心理能力。就好像用一臺內心的攝影機，確認自己的行為和旁人的反應。擁有自我監控能力的人，會從旁人的反應發現自己的缺失，即時做出修正**。至於那些講話口無遮攔的人，則缺乏自我監控能力。

旁人都已經很火大了，講話還是一樣白目沒藥醫的傢伙，也是缺乏自我監控能力。他們心中的監控系統整組壞光光了。因為他們不懂得觀察對方的反應來調整言行，所以令人火大厭煩、心痛難過。最後旁人也會被他們的言行搞到神經緊張、傻眼無力。

話雖如此，這些人的白目豬行為並沒有惡意。他們只是不知道自己言行失當，無從改善而已。

嬌氣太盛才會心懷不滿

有一種悶葫蘆心裡不高興也不肯說出來，這種傲嬌豬隊友也非常麻煩。當你看到他們的結屎臉，一副欲言又止的龜毛態度。

（有事情就明說啊。）

（不爽就說出來嘛，說出來我才有辦法處理啊，你不說我是要怎麼處理咧？）

你會想這樣抱怨也是很正常的事情。

其實大家沒有輕視或欺負他們，但是他們會「表現出自己是被害者」的模樣。這種豬隊友就是太嬌縱了。表面上裝作別無所求的態度，內心卻充斥著不滿。什麼不滿呢？因為對方沒有滿足他們的期待，所以產生了不滿。

他們希望凡事不必說出口，別人就會瞭解他們內心所想，設法滿足他們的需求。不過，大家又不是他們肚子裡的迴蟲，哪有這麼容易瞭解他們的雞腸鳥肚。

如果你不去揣測他們的心意，真以為他們沒有任何需求，他們就會在背後說你壞話，把你講成一個見死不救、毫無良心的混蛋。

（媽的，當初問你有沒有意見，是你說沒意見的吔？）

你要是有這樣的疑問，那代表你沒有聽出他們的言外之意。

「我沒意見啊。」

他們說出這句話的時候，其實內心是有意見的。

不過，他們希望你「主動察覺」，這就是他們最麻煩的地方。

這是「嬌縱心態」惹出的問題，他們的嬌氣太盛了。也可以說，他們把自己扭曲的嬌縱欲望發洩在別人身上。

覺得別人都應該瞭解自己

提倡嬌縱理論的日本精神分析學家土居健郎表示，嬌縱心理的原因歸咎於嬰兒期，其定義是否定人類皆屬分離個體的事實，並且試圖防止分離的傷痛。

（摘錄自土居健郎著作《嬌縱的心理結構》，弘文堂出版。）

換句話說，血濃於水的親子也是獨立的個體，嬌縱的人無法接受這個事實。沉醉在一心同體的幻想之中，就是嬌氣太盛的原因了。

日本精神分析學家土居健郎說，嬰兒咬住母親乳房不放，用力啃咬母親乳房的確是攻擊本能的展現沒錯，但那不是單純的攻擊本能，而是自以為被母親拒絕才反應出來的。意思是，嬰兒的憤怒是依賴需求得不到滿足所產生的反應。

簡單來說，**嬌縱的豬隊友，無法接受個體獨立的冰冷現實，他們想追求心理上的連帶感。所以他們覺得凡事不必說出口，別人也該主動瞭解他們的想法。一旦期待落空，他們就會產生遭受背叛的怒意。**

土居還補充道，**當嬌縱的心態不被旁人所接受，他們就會鬧脾氣、發怒、憎恨，這些情緒中還包含著「被害妄想」。**

說穿了，你不忍受他們嬌縱，他們就鬧彆扭給你看。也可以說他們是用「鬧彆扭的方式」，在逞他們嬌縱的欲望。於是乎，就產生了嘔氣、生悶氣之類的反應。

他們之所以生氣，是誤以為自己遭受了不平等的待遇，而這種心態主要是自己的嬌縱得不到滿足所致。

至於佯裝冷漠的態度鬧彆扭，是嬌縱的期待得不到回應所導致。旁人拒絕他們的嬌縱，他們就會報以憎恨的敵意。換言之，當嬌縱的欲望不被接受，憤怒與憎恨等負面情緒也油然而生，這些感情都出自被害妄想。

被害妄想豬隊友期待別人瞭解自己的心意，期待別人關心自己。一旦這些嬌縱的欲望得不到滿足，攻擊性就跟著爆發出來了。

那是被拒絕所產生的憤怒反應。

「為什麼你們都不瞭解我？」

「體諒我一下會死嗎？」

「我不說出口你就不瞭解嗎？真過分！」

像這類型的反應，就是嬌縱豬隊友所展現的攻擊性。

乍看之下，也許覺得嬌縱和攻擊性扯不上邊，其實這兩者都是出於同樣的心理。

感受性太強，太容易受傷

遇到一點小事就受傷的玻璃心豬隊友也很難應付。

例如，工作上的失誤被點出來，這種豬隊友就會表現出極為失落的模樣。

通常我們在工作上提醒犯錯的部下，只要這樣說就好。

「犯這種錯不好吧，麻煩你認真一點。」

可是遇到玻璃心豬隊友，他會以為你在欺負他，你還要反過來安撫才行。

「這也不是多嚴重的失誤啦。」

「不要再犯同樣的錯誤就好了啦。」

「其他地方都沒問題啊。」

你必須拚命說好話來鼓勵他，所以還是不要給自己找麻煩比較好。

問題是，工作上總有一些必須提醒的地方。偏偏你一提醒，他的心情就降到了谷底，萬一他隔天因此請假，還會給大家添麻煩，神經正常的人都不想搬石頭砸自己的腳。

從培育人才的觀點來看，這是非常嚴重的問題。

那麼，為何這類型的人如此玻璃心呢？

主要是「過於敏感的性格特徵」使然。

德國心理學家艾森克（Hans Eysenck）以研究性格而聞名，他說：**「內向又神經質的人有一個很強烈的人格特徵，就是容易受到傷害。他們對別人的言行和態度極為敏感，而且會反應過度。一些沒啥大不了的言行都會影響到他們的心情，遇到不熟悉的狀況還會驚慌失措。」**

由於太過敏感、玻璃心的緣故，面對比較粗線條的人，或是一般人不以為意的言詞或態度，他們的心靈也會激起波瀾，做出很情緒化的反應。感受性豐富反而成為一種缺點。

例如，別人隨口說一句話，他們就在懷疑。

「他講那句話是什麼意思？」

你只是隨口一句話，他們也能胡思亂想。

「我是不是不受歡迎？」

「感覺好討厭喔。」

因為他們太介意無心之言，也過度解讀背後的含義了。

內向的人不擅交際的理由

這種豬隊友不只對別人的言行太過敏感，他們也很在意自己的言行恰不恰當。別人對自己的言行或態度有何反應，也是他們非常計較的地方。

比方說，他們會觀察對方的反應，然後神經兮兮地思考著。

「我是不是表現出惹人厭的模樣了？」

「我是不是害對方不高興了？」

「我是不是傷到對方了？」

他們會變得很神經質，過度在意對方的感受。

在人際關係中太過小心謹慎，就會覺得與人交際很疲累，懶得跟別人扯上關係。這類型的玻璃心豬隊友麻煩的地方在於，他們不知道自己太敏感了。

例如，上司或前輩提醒他們工作上要改進的地方，他們就以為自己遭受嚴厲指責，彷彿世界末日來臨一樣絕望，連工作都沒有心情處理，甚至隔天還會請假休息。

其實上司或前輩根本沒有罵人的意思，只是要他們改進缺點而已，沒想到當事人竟然玻璃心碎滿地，遲遲無法振作起來。

對那些神經質的人來說，他們真的體會到一種被斥責的震撼。

「為什麼我這麼廢呢？」

他們不光是失落，而且還是真心覺得受傷。

明明上司或前輩並沒有錯，但是不瞭解內情的其他同事，會以為上司或前輩講話太過份，甚至懷疑是不是有職場霸凌的嫌疑。

類似的問題也經常發生在私人交際中。

比方說，朋友或戀人工作太忙不得不推掉邀約，他們就開始演內心小劇場了。

「他一定覺得我講話太無聊，跟我在一起不開心才拒絕邀約的。」

「他一定跟別人有約。」

曲解別人的原意就罷了，更糟糕的還在後頭。

「反正我就是個無趣的人啦。」

他們還會妄自菲薄，用負面情緒傷害自己。

不小心傷害他們真的是很麻煩的事情，所以跟他們相處必須謹言慎行，仔細琢磨什麼話該說或不該說。總之，是一扯上關係就沒完沒了的冤親債主。

三姑六婆之間為何也有地位高低之分

職場上常有一些嘴賤的眼睛長頭頂的豬隊友同事。

當他們看到你業績不錯被上司稱讚，就會酸溜溜地說。

「你負責的客戶超EASY的，不太需要努力嘛。」

不管這些嘴砲是明槍或暗箭，都很難應付。

有時候，關係親密的朋友也會這樣嘴我們幾句。

例如，你被提拔為新企劃的成員，在其他部門的好友就明褒暗貶了。

「你很會做人，上面的大頭都很喜歡你呢。」

講得好像你獲選不是因為能力的關係，你可能無法理解，為什麼朋友之間講話一定要這麼賤？

在私交的場合也常有類似的情形。

好比，整天黏在一起的三姑六婆。

「那個誰啊，仗著自己年輕貌美就在拿翹。」

那些歐巴桑會到處傳一些流言蜚語，很多人都受不了她們的競爭意識。對年輕的太太來說，她們並沒有炫耀自己年輕貌美。她們知道自己是晚輩，為人處事反而更加拘謹有禮。

比方說，參加鎮上的集會，討人厭的歐巴桑都把粗重的工作推給年輕人處理，年輕太太也毫無怨言地做完那些整人的粗活。

除了鎮上的公務以外，偶爾討人厭的歐巴桑還會叫年輕太太開車，把人家當司機使喚。吃人夠夠，還在背後說人家壞話，這無疑是關係攻擊的豬隊友典型。大家明明都是一起行動的伙伴，結果還被講得這麼難聽，相信沒有人可以接受。

三姑六婆的花招還不只如此，當著別人的面講閒話也是她們的拿手好戲。

例如，平時關係還不錯的太太忽然腦袋被門夾到，對著高學歷的好朋友亂放砲。

「妳是不是瞧不起我啊？不要以為妳大學畢業就可以囂張，真討厭。」

被罵的人會覺得莫名其妙，因為自己根本沒有瞧不起人的意思。

「是怎樣啦，整天穿一些高級服飾，自以為是活動展示架喔？妳很想炫耀自己的丈夫很有錢就對了啦？」

有些人聽到這種嘴賤的話，會非常地受傷。

像這樣的例子，多半是心胸狹窄的人嫉妒那些年輕貌美、學歷亮眼、家庭富裕的鄰居太太，所產生的攻擊性。被攻擊的一方無法理解，大家都是好朋友，為什麼自己卻遭受攻擊？

不過，**正因為是關係親密的伙伴，才會有所謂的比較心態**。職場上的同事也有互相比較的現象，就像那些吃飽太閒的三姑六婆一樣。

喜歡比較的人不會在意無關的對象，反倒是親密的對象會讓他們萌生比較心態。他們認為跟朋友比起來自己太差勁，所以才想拉低對方的評價。

反映過程與比較過程

美國心理學家泰瑟（Abraham Tesser）提倡一個觀念叫作：自我評價維護模式。

所謂的「自我評價維護模式」，是指人類會採取維護或提升自我評價的行動。而在人際關係中導致自我評價上升或下滑的兩大心理過程，分別是反映過程和比較過程。

反映過程是指沾親朋好友的光，來提升自我評價的心態。也就是把優秀人物和自己畫上等號（重疊），來抬高自我評價。

例如，朋友或認識的對象當上奧運代表選手，成為廣受矚目的媒體新寵。

「我跟那個人很熟喔。」

處於反映過程的人會非常驕傲，四處去跟別人炫耀。人家還沒紅的時候就不當一回事，紅了以後才當人家是好朋友，利用這種攀親帶故的方式提升自我評價。

他們為了提升自我評價，會主動拉近彼此的心靈距離。

據說，媒體新寵常會接到毫無私交的親戚或老同學聯絡，那就是透過反映過程來提升自我評價的心態作祟。

整天把「人不可貌相」掛嘴邊的人，其實比誰都想紅

所謂的比較過程，是指跟身旁的優秀人物比較而妄自菲薄，或者是跟身旁的低等人物比較而自鳴得意的心態。

我們先來思考比較對象優秀的情況。

例如，心眼比屁眼小豬隊友看到好朋友在社團活躍，或是在公司裡步步高升，心理就不平衡了。

「那傢伙非常活躍，我到底在幹什麼啊？」

「真羨慕，哪像我這廢柴……」

看到朋友過得好，他們內心就會很失落，連帶拉低自我評價。

反映過程與比較過程何者會優先發作，端看豬隊友本人計較的特性或業績，與自己的相關程度如何（亦即，重視程度或者關心程度）。

倘若豬隊友本人計較的特性或業績，對自己有重要的意義，則比較過程會更為活潑。

在那種情況下，親朋好友優秀的特性與業績會拉低自我評價，因此他們想降低自己關心的程度，或是拉開心靈上的距離。

比方說，希望獲得異性青睞的人，外貌是他們特別關心的要素。一旦身旁有帥哥美女，口是心非豬隊友內心的比較過程就會發作。

「真羨慕，哪像我長得歪七扭八。」

比較過程發作以後，就會妄自菲薄。

為了降低自己受到的傷害，他們會把「人不可貌相」掛在嘴邊，拉低外貌的重要性，或是冷漠對待帥哥美女來保持心靈距離。**心靈距離夠遠，比較心態不容易發作，也就不必一直作賤自己了**。

「那個人不過是異性緣好了一點，不曉得在臭屁三小。」

若有玻璃心的豬隊友則會這樣說別人壞話，一方面是要報復那些傷害他們信心的人，一方面是要拉開雙方的心靈距離。

喜歡吹噓自己的朋友是咼人

如果是豬隊友本人不太計較的特性或業績，反映過程則會較為活潑。

在這種情況下，處於反映過程的人會用沾光的方式提升自我評價，並且拉近自己與比較目標的關係，以縮短彼此的心靈距離。

例如，有心成為職棒選手的人一看到朋友參加全國棒球大賽。

「好厲害，哪像我打這麼久都沒有成績。」

這是比較過程作祟，採取拉低自我評價的心態。

不過，對於想要擔任研究工作的人來說，運動對自己沒有太重要的意義，反映過程就會優先發作了。

「那個人是我朋友喔。」

他們會對周圍的人炫耀，尋求一絲讚賞。

「真的是你朋友喔，了不起。」

聽到諸如此類的稱讚，他們的屁股就會翹上天，藉此來提升自我評價。

就連結交朋友，豬隊友也只選擇對自我評價有利的對象。

換言之，**他們會選擇在重要領域不如自己、非重要領域勝過自己的人來當朋友**。這代表他們都是透過比較過程或反映過程，選擇方便維持自我評價的對象。

但是，像這種比較心態，其實非常要不得。

自己不努力卻抱怨別人狡猾

豬隊友當中最麻煩的是自己不肯努力類型。偏偏豬隊友寧可攻擊對方，拉低對方的評價，也不肯奮發向上。

看到身旁有人過得比自己好，他們就會眼紅。

「媽的，他有夠狡猾的。」

相信各位都遇過這樣的人。

而這種覺得大家都很狡猾的感受性，正是「跟旁人比較」所產生的。

例如，某某人買樂透中一百萬元，得獎人要是跟自己無關的話，比較意識就不會發作，當事人不會產生任何感情。相對地，得獎人要是職場上的同事或者親朋好友，那麼比較意識就會瘋狂發作了。

「為什麼那種人也能得到一百萬？我只得過幾千塊而已，太狡猾了吧！」

各位不要懷疑，真的有神經病會這樣想。

買樂透中獎純粹是幸運，他們連幸運的人都嫉妒，更遑論那些在職場或情場上一帆風順的人了，畢竟職場和情場還摻雜了人為因素。

比方說，有個同事成果斐然獲得上司稱讚，他們就會批評對方狡猾，完全不懂得反省自己沒努力。最麻煩的是缺乏上進心的類型。

有上進心的人看到同事高升，自己也會努力精進。這種人比較沒有嫉妒的感性，他們在羨慕之餘還會鼓舞自己。

「我也不能輸。」

有上進心，就會發憤圖強。

至於那些討厭努力的豬隊友，整天只會哭夭別人狡猾，絲毫不看對方付出了多少努力，而且還故意雞蛋裡挑骨頭。

其實冷靜思考一下就會發現，這樣做是非常丟人的事情。問題是，人類通常會受到感情的左右，無法秉持理性過活。於是乎，被嫉妒沖昏頭的人就產生了攻擊的心態，一昧批評那些成功人士，不去反省自己能力不夠或努力不足。

然而，他們真的以為對方很狡猾，完全不知道自己的行為有多無恥。沒實力的人攻擊有實力的人，在旁人眼裡看來只有可笑而已，但當事人並沒有這樣的認知。

這是一種人人都有的「正向錯覺」。所謂的正向錯覺，是指太看得起自己的能力或業績，每個人或多或少都有類似的認知謬誤。因為太看得起自己的能力或業績，一看到別人過得比自己好就心生不平，採取攻擊性的言行。

人類擁有的比較心態就是如此麻煩的東西，尤其那些比較心態特別強烈的豬隊友，大家還得避免刺激到他們的比較心態，畢竟他們計較起來真的是非常麻煩。

把雜事推給別人的都很自私

喜歡強人所難、認為自己應該受到特殊待遇的傲嬌豬隊友很麻煩，「太過自私」是這種豬隊友的性格缺陷，因為他們深信自己與眾不同。

還有，這種豬隊友雖然不會強人所難，但是性格上過度自私。

這種類型的人整天期待別人稱讚自己，卻沒有什麼了不起的功績，在別人眼裡也不是特別有能力。明明其他人的成果比他們更優秀，他們還自鳴得意地報告自己的事蹟，自認為獲得稱讚是理所當然的事情。

如果旁人稱讚他們做得好，他們就會心滿意足地繼續工作。反之，如果旁人只叫他們再接再厲繼續努力，他們就會結屎臉、鬧脾氣，連工作也亂做一通。反正沒有獲得稱讚，他們就提不起勁做事。

遇到這種傲嬌豬隊友盡量稱讚就對了，只要他們別太過分，加減應付一下就得了。沒有人討厭被稱讚，稱讚有鼓舞人心的作用。就某種意義來說，我們都把自己視為特殊的存在，每個人多少都有某種程度上的私心。

不過，這樣的心態一旦以扭曲的方式呈現出來就很麻煩了。

比方說，有一種人遇到雜務就左閃右點，想方設法推給別人去處理。當他們接到不容易獲得評價的基層工作，就會推給周圍的伙伴。

「不好意思，我臨時有急事，你幫我處理一下好不好？」

他們把屎缺推給別人之後，跑得比誰都快。

這些人就是特權意識作祟，自以為與眾不同，才敢把爛工作推給別人。

事實上他們根本沒有什麼重要的急事，不過就是去資料室看業界的相關記錄，或是閱讀自我啟發的書籍罷了。

因為他們相信自己應該處理更有建設性、更重要的企業課題，絕不是幹雜務的草包。

萬一上司把他們感興趣的工作交給其他人處理，他們就會表現出心理不平衡的樣子，質疑上司為什麼不交給自己來做，甚至還會抱怨上司或者有幸擔當重任的人。

每次他們抱怨就會破壞工作氣氛，麻煩到有夠欠揍的地步。

動不動就暴怒是出於不安

對於那些自私的豬隊友，旁人的看法如下。

「那傢伙自尊心太強，超難搞的。」

這才是大家的心聲。

倘若自尊心意味著驕傲與尊嚴，那麼上面的看法是有問題的。

其實自私的人缺乏信心，而且內心忐忑不安。他們沒有驕傲可言，也無法維持尊嚴。因此沒有獲得旁人的稱讚，就會陷入悲憤的情緒中，瘋狂崩潰。

這是渴求稱讚和特殊待遇，來維持自尊心的心態。

真正有自信和尊嚴的人，不需要稱讚或特殊待遇的效果加持，也能保持心靈安定。

沒有機會擔當大任就暴跳如雷，是缺乏自信的表現。

有自信和尊嚴的人，就算遭受的待遇不如預期，頂多只會表現出失望的態度而已，不會那樣丟人現眼。

情緒失控是十分丟臉的事情，這一點誰都明白。但是害怕被瞧不起的人，還是會忍不住表現出情緒化的反應。他們潛意識裡很擔心自己被瞧不起，所以才有強烈的情緒反應，心中的自我監控機能也就跟著失靈了。

自私的人除了會展現過度的自信，還習慣打腫臉充胖子，然後得不到尊重就耍脾氣或崩潰抓狂，這種不安定的性情很麻煩。

這也是自私鬼的特徵。

他們對自己的評價高到失真的地步，而失真的自信是毫無根據可言的。

至於那些妄自尊大、胡吹大氣的態度，還有得不到稱讚就抓狂的幼稚舉止，乍看之下是充滿自信的表現，其實正是內心缺乏信心的徵兆。

他們沒辦法與人交心，只好用裝模作樣的方式隱藏內心想法，或是故意去操弄別人來假裝自己充滿信心。

過度膽戰心驚的人到底在想什麼

有些豬隊友很容易失落，而且過度害怕失敗，做錯一點小事也會難過個老半天，旁人還得安慰他們才行。更糟糕的是他們做任何事都缺乏自信，一定要推他們一把才肯放手一搏，這種人也是一種非常麻煩的豬隊友。

事實上，**缺乏自信又不安的人，也算是過度自私的變種類型。**

過度自私的人不見得都會表現得很囂張，有的自私鬼表現得相當含蓄，看上去一副缺乏信心的樣子，然而他們腦袋裡想的都是自己的事情。

凡事只想到自己，沒有餘力去顧慮其他人，這也是過度自私的呈現。

過去大家談到自私的人，就會聯想到自我主張強烈的類型，但是現在大家也開始有了一個新的共識：其實那些個性內向、又害怕得不到認同的傢伙，也是性格自私的人。這兩種類型的人都缺乏信心，只是呈現自私的方式南轅北轍。

心理學和精神醫學的領域，對過度自私的徵兆做過各式各樣的研究和議論，最後指出自私的兩種不同層面。

一種是傲慢又不講理，喜歡炫耀自己來引人注意，並且明目張膽地索求他人讚賞，擁有自信過剩的誇大一面。另一種是整天提心吊膽，對自己的無力感到憤怒，同時又害怕別人對自己的評價，擁有內向又神經質的一面。

同一個人身上有可能兼具這兩大層面。

自信過剩又浮誇的豬隊友，對於別人的看法缺乏信心而感到不安。所以，才會故意虛張聲勢，一旦被看輕，就暴跳如雷。

至於內向又神經質的人，心中也懷有毫無根據的自信，他們很害怕自己的信心被別人的評價否定，因此才會擔心別人對自己的看法，而表現出很內向的模樣。

這兩大層面的孰強孰弱，會影響到自私的呈現方式。一者呈現出自大又強人所難的豬隊友模樣，一者呈現出不安又缺乏信心的神經質模樣。

貪權的人很容易逃避責任

喜歡強人所難，凡事以利己為重的自私鬼也很麻煩。

他們會提出不合理的要求，忝不知恥地搶奪別人的功勞。為了避免出事的時候被追究，還會下達模稜兩可的指示，讓底下的人自行揣測上意。等到真的出問題了，就可以佯裝不知情的嘴臉，把責任統統推給他人。他們與人結交純粹出於利益考量，背叛同伴對他們而言，形同家常便飯。

這個心態跟自私有相似的病理，但是這類型的豬隊友通常是貪權居多。

考量價值觀，就能瞭解這種人的行動模式。掌握個人價值觀，可以解讀對方的行動意義。這時你會發現，「價值觀不合」的對象多半也是豬隊友。

「為什麼他們敢做出那麼強硬的事情？」

「做出那麼自私的舉動，都不覺得可恥嗎？」

「就只會逃避責任，不覺得丟臉嗎？」

「整天把人脈掛嘴邊，連交朋友都要算計一大堆，不覺得這種人生很可悲嗎？」

你要是有這些疑問，就代表你的價值觀跟自私豬隊友不一樣。既然價值觀不一樣，也就無法諒解對方的行動了。

五種麻煩人物的類型

身為教育家和心理學家的斯普朗格（Eduard Spranger），歸納出構成人生的六大價值。同時，他也把人類分成六大類型，每一類型重視的價值都不一樣。他主張以價值觀來替每個人分門別類。

這六大類型分別是：理論型、政治型、社會型、藝術型、經濟型、宗教型。

只是，宗教型跟現代社會的自我形成和職能形成比較沒關係，這裡姑且不提，我們來介紹剩下的五種類型就好。

①理論型：無法接受不合理的事情

「理論型」是喜歡討論抽象議題的類型。例如，熱衷於探究真理或瞭解事物原理。他們認為合乎邏輯的統合性才是價值之所在，換言之，合理與否才是重點，不合理的事情他們是無法接受的。

這種類型有強烈的求知欲望，他們想瞭解各種事物，用合理的方式去分析。不管工作或人際關係都要照著邏輯進行，討厭一切不合理的東西。對他們來說，不講理的傢伙令人火大。萬一遇到不合理的工作就會非常痛苦。

然而，人類不是光靠邏輯行動的，事實上人類比較常受到感情影響。比方說，人類會基於好意或同情等正面情緒，以及悔恨或嫉妒等負面情緒而行動。正確與否，反倒不是重點。

不明白這一點的理論型，沒辦法像社會型那樣顧慮別人的感受，因此也不懂得和別人交心。同時，**他們也缺乏經營型和政治型的謀略和交涉能力，處理人際關係的技巧相當拙劣**。

到頭來，就會被當成頑固又不知變通的人物，或是缺乏人情味的冷血動物，不然就是被當成拘謹的無聊分子。另外，這種人也容易被精通謀略的人欺騙利用。

②政治型：以支配和被支配的角度看人

這一類的人習慣用支配與被支配的角度，來看待世間萬物。獲得權力對他們來說比什麼都重要，意思是他們有很強的權力欲望，想要透過權力來感受自己的力量。政治型喜歡支配別人或組織，當別人按照他們的意思行動，他們就會體驗到強烈的快感而無法自拔。

要支配他人或組織，就得擁有權力才行。想擁有權力就免不了與人競爭，所以政治型的人物競爭心極強。他們視旁人為對手，對能幹的人抱有強烈的鬥爭心。追求權力是他們採取行動的唯一動力，人生是他們的戰場，成為勝者更是絕對的目標。

對他們來說，比自己更有權力的對象既是競爭對手，也是值得利用的目標。所以他們有精於算計的地方，會依照雙方的力量關係來改變相處模式，締結有利用價值的人際關係。相對地，沒有權力或利用價值的人，他們懶得浪費時間和心力結交。

由於這種人精於算計，培養出來的都是現實的人際關係，就某種意義來說他們的人生非常寂寞。通常上位者提出不合理的命令或要求，下位者也不得不接受。而且，被迫遵從的一方難免心有不甘。政治型的人物不會考慮下位者的心情，濫用權力的下場往往是遭受意想不到的報復。

③社會型：重視友愛，擅於照顧朋友

社會型懂得關心別人，喜歡互助合作和坦然相交，「友愛」對他們來說比什麼都重要。

這種人很看重友情與愛情，也希望生活中有其他人相伴。他們採取的任何行動，都隱含著對別人的溫情關懷。除了極為關心旁人以外，他們也富有同理心，幫助別人也不求任何的回報。

在他們的眼中，與旁人的牽絆具有重要的意義。政治型與經濟型的人，習慣把人際關係當作達成目標的工具，社會型與這兩種類型的人形成對比。他們看重超越利害的關係，以及充滿信賴的交情。所以，他們討厭政治型與經濟型的人物，因為這兩種人都以利用價值來衡量別人，積極經營有用的人脈。

在人人自私的時代，這種懂得顧慮他人感受，願意與大家共生的開放胸襟是非常寶貴的特質。只是，他們缺乏理論型的邏輯歸納能力，也不像藝術型會冷靜觀察對方，因此無法棄他人於不顧，也容易被激昂的感情影響，最後深陷混亂的人際關係而無法自拔。

擅於照顧人的特質，也跟害怕孤獨的性質有關，他們沒人陪伴就會感到不自在。有時候熱心太過會變成雞婆，反而惹人反感。

④**藝術型：保持自我風格最重要**

藝術型重視美麗的事物勝於一切，美感體驗和美感呈現才是價值所在。

這類型的人對美感的追求沒有極限，而且自身極欲體現美感，換言之，他們希望自己活得風雅瀟灑。所以藝術型的人很討厭利欲薰心的醜陋姿態，他們對追求金錢或出人頭地的普世價值不屑一顧，甚至有冷眼看世間的心態。

他們比較習慣「憑感覺過活」，而不是用頭腦思考。為了追求生活上的舒適，他們花錢的方式在旁人看來，有些浪費或不合身分。

這種人的特徵是不重實利，只想徜徉在興趣之中，他們認為人生應該要享樂。確保享受興趣的自由對他們非常重要，因此他們討厭受人際關係擺布，也不喜歡被組織束縛，有不易融入群體的傾向。

藝術型有冷眼觀察周遭的態度，並且會極力避免被捲入混亂的人際關係中，這樣的態度有時會被當成冷淡或不在乎。

⑤**經濟型：有沒有用處比較重要**

重視現實利益和有用性的類型，經濟性和實用性才是價值所在。

這種人不管做什麼，都要看「有沒有好處」。因此他們在學習的時候，不像理論型那樣重視學習本身，也不對求知感到滿足。如果學到的東西在生活中派不上用場，那就一點意義也沒有。學習實用技能的傾向很強。**派不上用場的東西對他們沒有任何價值，他們也不會浪**

費金錢和勞力去接觸。經濟型的人看事情極端現實，一切都以利弊損益來衡量。

這種不願浪費多餘心力的態度，會縮限個人的視野。比方說，經濟型的人會閱讀對工作或理財有用的書籍，卻不會閱讀沒用的小說和隨筆散文。純粹的科學或藝術他們也不感興趣，徹底追求有用性的後果，就是變成一個缺乏閒情逸緻的乏味人士。

經濟型和政治型一樣要先衡量利弊才會行動，因此單純追求合理行為的理論型，以及不吝為別人付出的社會型，還有討厭醜陋現實的藝術型可能會跟他們合不來。

事先瞭解不同價值觀的類型，你就可以明白，哪些豬隊友對我們來說特別難搞了。如果你討厭那些自私自利、利用別人也無動於衷的豬隊友，那就代表你有「社會型」的要素，非常重視與人相交的誠意與人情。

若彼此都是講究利害關係的「政治型」，可以找到對方有價值的部份互相利用，相處起來就不會感到厭煩。對「政治型」的人物而言，不計較利害關係的「社會型」、「理論型」、「藝術型」，才是真正麻煩的存在。

對他人沒興趣，在別人眼裡就是豬隊友

有些人遇到一點小事就亂發脾氣，動不動就反駁別人善意的提醒或建議，這種人也是麻煩到很難相處的地步。另外，完全不理會別人的難處，喜歡強人所難的傢伙也很難搞。這兩者乍看之下是完全不同的類型，其實還是有共通性的。那就是他們無法想像對方的立場或觀點，或是根本就不感興趣。所以，他們被點出缺失的時候，只會意氣用事，不會去思考對方是出於立場才不得不提醒。

就連別人好心提供建議，他們也覺得對方是在嫌棄自己的做法，不明白那是人家的善意還大發脾氣。由於這種人不會想像對方的立場和難處，所以他們非常堅持自己的要求，把別人的說明都當成藉口。

換句話說，他們缺乏**同理心**。

觀點取替的心理機能，是構成同理心的關鍵。**所謂的觀點取替，意思是能夠站在其他人的角度來看事情。缺乏觀點取替的能力，看事情就會特別自我中心，無法想像從別人的觀點來看事情會是怎麼一回事。他們甚至連去想像的習慣都沒有，因此才會無視對方的觀點，僅以自身的觀點來下判斷。所以一被指責就生氣反駁，一有要求就強人所難。**

其實同理心和不安的程度也有關係，比較不安的人會去瞭解對方的心情和立場。

心理學家曾經做過調查和實驗，考證待人處事的不安與同理心的關係。結果發現，對人不安較強烈的人，比較能理解別人的感受，擅長從對方的表情推測其內在狀況。

不安的人會特別注意對方的心理狀態，所以能瞭解對方的立場和心情，做出顧及對方的行為。相對地，沒有不安的人很難察覺對方的立場和心情，他們不會去在意別人的難處，在人際關係中容易我行我素。這對旁人來說是很麻煩的性格。

搞不懂現在年輕人是感性還是理性

有些人很容易對他人的言詞產生情緒化反應，這種人也是豬隊友到一個極致。

對於別人的提醒或指示無法接受時，他們會提出好像很有道理的反駁。乍聽之下，講得似乎還算有道理，也沒有惱羞成怒的反應，你可能會以為他們是真的經過理性思考的。但是仔細聽下去，你會發現那純粹是藉口，說詞有不合理的地方，任你好說歹說，他們就是聽不懂人話。

表面上，他們是基於理性行動，實則是受到感情的影響。

很多擔任管理職缺的人都搞不懂，時下的年輕人到底是理性還是感性。確實，最近的年輕人會用理性的方式反駁別人的意見或提醒，可是當他們自己的意見不被採納時，就會表現出情緒化的反應。

（講那麼多要死喔，乖乖把交代的事辦好就對了啦！）

明明上司和前輩也沒有說出這麼鴨霸的話，純粹是看部下的辦事方法有問題，才提出具體的說明與建議，結果年輕人反而還生悶氣。既然是自己的方法有問題，照理說是沒資格生氣的。人家好意提醒，受人恩惠應該好好感謝才是。

按道理思考這才正確的做事態度，但年輕人就是無法忍受自己的感情受到傷害。反正心情不好就要生氣給你看，這類型的豬隊友不擅於控制自己的情感。因此，該冷靜的時候往往會做出情緒化的反應。

例如，部下在工作上對應有誤，客戶打電話來抱怨，上司代替他們向客戶鄭重道歉之後，以稍微嚴厲一點的口吻提醒他們。

「不好意思。」

他們嘴巴上道歉，卻表現出一副很不爽的模樣。

就上司的觀點來看，他們根本沒資格生氣。

（媽的，你把事情搞砸惹得客戶不高興，我還要代替你道歉，你是在不爽三小啦？）

現在當上司的必須顧慮年輕人的玻璃心，可不能像這樣嚴厲責罵。上司以婉轉的方式提醒犯錯的部下，部下還擺臉色給上司看，做上司的怎能不火大。

不過，那些豬隊友卻對自己的同事抱怨。

「我又不是故意惹客戶生氣的，我也很努力啊……上司就只會說我辦事不力，從來沒有讚美我的付出，真是夠了。」

其實真正想抱怨的，應該是收到這種爛部下的上司才對。這樣的爛泥根本扶不上牆，動不動就表現出情緒化的態度不肯配合。久了，上司也懶得再提供建議或提醒了。

一再犯錯的豬隊友有哪些共通點

這種類型的豬隊友最大的問題是，他們不擅於控制感情，在該採取認知反應的時候採取情緒反應。

所謂的「認知反應」，是指用頭腦做出冷靜合理的反應。懂得從經驗中汲取教訓的人，屬於認知反應較為活躍的類型。當他們犯錯被提醒之後，不會表現出失落或憤怒的反應。

「我哪裡做得不好呢？」

「原來我該考慮這個要點。」

認知反應活躍的人會思考，如何從失敗中獲得教訓。

反之，情緒反應較為活躍的傢伙，太計較自己遭受否定和責罵，不會去思考自己究竟有什麼不對的地方。

「幹嘛說出這種否定人家意見的話啊，我也很努力啊！」

不懂得反省就罷了，他們還會惱羞成怒。

情緒化的人之所以是豬隊友，不光是他們喜歡耍脾氣的關係。凡事遇到不順遂的事情他們就只知道擺張臭臉，不會從失敗中汲取教訓，然後一直犯下同樣的過錯，這才是他們真正豬的原因。

情商愈高，年收入和學歷愈高

不懂得替別人著想、不擅長控制情感，都是EQ太低的表徵。光光只是IQ高，很難得在社會上取得成功，所以EQ（本來應該叫EI才對，只是為了跟IQ對比才改稱為EQ的，EI是情緒商數之意），才慢慢地受到大家的重視。

社會上的成功人士，也就是那些工作順遂、家庭生活幸福美滿的人，通常都有高度情商，這一點已經有許多調查證實過了。

有追蹤研究發現，從小就有高度情商的人長大後多半是年收入高、學歷高、持家比率高、犯罪率低、離婚率低、接受生活保護率低。

那麼，情商是指哪些能力呢？

所謂的情商是知識上學不到的能力，例如：自制力、熱忱、忍耐力、幹勁等等。

心理學家薩洛維（Peter Salovey）和梅亞（John D. Mayer）認為，情商的要素包含：感情控制力、感情理解和分析力、感情帶動自我激勵，以及感情的知覺、評價、表現能力。

心理學家戈爾曼（Daniel Goleman）則表示，情商是指瞭解自己感情的能力、控制感情的能力、付予自己動機的能力（替自己找到幹勁）、控制他人感情的能力、妥善處理人際關係的能力。

綜合前述，**情商是指：「瞭解自己心理狀態的能力。」**

- 壓抑和控制自己內在激情的能力
- 樂天進取、不易失落的能力
- 充滿好奇心的能力
- 積極處理事情的能力
- 鼓舞自己的能力
- 同理心的能力
- 關懷別人、不傷害別人的能力
- 與人協調的能力
- 與朋友開心交往的能力

這些無法用智商衡量的社會生活必備能力，就是所謂的情商。

情商之中對人際關係影響最大的能力，是想像對方觀點和控制自身感情的能力。尤其缺乏感情控制能力的人，很容易搞砸人際關係。通常會讓大家覺得煩的豬隊友，也都是不擅長控制感情的人物。

情緒化的人抗壓性不高

無法控制自身感情的人，抗壓性也高不到哪裡去。所以當他們遇到不如意的事情，或是承受一點鼻屎大的壓力，就會表現出失落、暴怒之類的情緒化反應。

在情緒控管的課程上，那些發現自己控制能力低落的人表示：

「我深刻地感受到自己的情緒控管能力有多差勁。平時人家點出我的缺失，我就會生氣回嘴，事後也會破壞物品來發洩怒火。」

「一有不如意的事情我就會耍脾氣，這就是我給大家添麻煩的原因吧。」

「一點小事我也會內心整把火，拿旁人來出氣。」

「難怪我的情緒控管測驗分數這麼低。每次有人指出我的失誤或缺失，我就會惱羞成怒呢！一直到現在，我才發現自己個性這麼差。」

「我的感情很不穩定，我自以為壓抑得很好，但是仔細確認之後才發現，我根本表現得很明顯，這樣不太妙啊。」

他們會回顧自己的日常生活，說出值得反省的地方。

制能力低落與抗壓性低落息息相關，那些發現自己抗壓性低的人表示：

「我一碰到討厭或不安的事情，肚子就會很痛。肚子痛的毛病困擾我很久了，看來我抗壓性很差。」

「我知道自己抗壓性不高，仔細想想我一有不順遂的事情就胃痛，這也跟抗壓性不高有關吧。」

「當我的生活中發生討厭的事情，我就會產生一種憤恨的心態，懷疑自己為什麼會受到這樣的待遇。我完全不會想用積極的態度來處理問題，這也是抗壓性不高吧。」

「我的健康狀況常出問題，稍有不開心的事情壓力就會非常大，這才是我健康失衡的原因吧。感情控制和抗壓性的測驗成果不理想，應該是這種性格的表徵吧。」

這些都是他們回顧自己的說法。容易情緒化反應的豬隊友，抗壓性真的都不高。所以，稍有一點覺得討厭的事情，馬上就會表現出「失落」或者「發怒」的情緒化反應。

「愛現」又沒真本事

真正能力高超的人，你可以放心把工作交給他，最麻煩的是那種「愛現」的，而且這種人通常都沒什麼真本事。

反正不管遇到什麼事，他們都要秀一手才甘心。

「我很擅長這個喔。」

例如，公司準備執行一個跨單位的大型企劃。

「那個企劃交給我來辦可好？」

這時愛現的豬隊友自告奮勇，你看他這麼有信心就決定給他一個機會，結果他的實力鳥到無以復加，害你不得不替他收拾殘局，連高層也狗幹你識人不明。

「為什麼你交給他負責啊！」

明明不是你的錯，你卻白白被罵。但問題是，如果你無視他們自告奮勇、毛遂自薦，把工作統統都交給其他人來處理，他們很有可能對你心生不滿，因為他們並不曉得自己缺乏工作能力。

那麼，為什麼他們沒能力還愛現呢？

請各位回想一下，真正有能力又值得託付的對象，會做出愛現的事情嗎？不會，對吧。能幹的人不必做那種蠢事，大家都知道他們很能幹。畢竟能幹的人愛現只會引來反感，或是招致嫉妒而已。從這一點不難推測，那些愛現的傢伙往往是「工作能力不怎麼樣」的豬隊友類型。

這類型的豬隊友實力奇差無比，又不肯承認自己實力不足，這當中主要有兩大問題。

一是，**他們不願面對心中的不安與沒自信**。其實當事人多少也有感覺到自己能力不足，只是還沒有明確的認知，為了擺脫這方面的不安，避免被別人看出自己沒有真才實料，他們才會打腫臉充胖子，動不動就表現出自己很能幹的樣子。

另一個問題是**認知能力低落**，換言之就是**理解力低落**。這種人對自己的能力缺乏實際的認知，分不清楚自己什麼做得到、什麼做不到。

每個人多少都有一些正向錯覺，我在前文裡已經提過，這是一種過度評價自身能力的傾向。而能力低的豬隊友，有過度評價自身能力的傾向。

能力差的豬隊友反而給自己過高的評價

美國心理學家鄧寧（David Dunning）和克魯格（Justin Kruger），曾經做過實驗證明這一點。

實驗內容是測試「幽默感」和其他幾項能力，同時讓實驗對象評價自身能力。評價自身能力是採用百分等級的方式，實驗者要回答自己的能力跟其他人相比，大概是多少百分等級。如果回答百分等級為二十，那就代表能力很低；百分等級五十則屬於平均值；百分等級八十，則代表能力高超。

接著，再依照實際測驗成績，把實驗者分成四大類。這四大類分別是：前四分之一的「最優秀組別」、「比平均值稍佳的組別」、「比平均值稍差的組別」，還有後四分之一的「最差勁組別」。

首先是「幽默感」的測試結果，「最差勁的組別」平均百分等級只有十二，可以說是極度缺乏幽默感。

奇怪的是，「最差勁組別」的自我評價，百分等級平均為五十八。這個數字超越了平均值的五十。可見那些「最差勁」的人以為自己的幽默感比一般人好。他們只有墊底的實力，卻自以為在平均值之上，因此有過度評價自己能力的傾向。

反之，「最優秀組別」就沒有類似的問題，他們反而有小看自己能力的傾向。

另一項「邏輯推理能力」的測試中，「最差勁組別」平均百分等級才十二，可以說非常缺乏邏輯推理能力。沒想到，「最差勁組別」的自我評價竟高達六十八，遠超過平均值五十，他們以為自己的「邏輯推理能力」超越一般人。

換言之，豬隊友的邏輯推理同樣只有墊底的實力，卻自以為在平均值之上，因此有過度評價自己能力的傾向。

至於「最優秀組別」就沒有類似的問題，他們反而有小看自己能力的傾向。

為什麼有些人過度自信

心理學家鄧寧（David Dunning）和克魯格（Justin Kruger）透過這個實驗證明，能力低的人有過度評價自身能力的傾向，能力高的人則正好相反。

這個實驗又稱為：「達克效應」（D-K effect）。這一連串的實驗證明了一個事實，沒能力的人不只是能力差勁而已，他們對於自己能力差勁完全沒有自覺。也難怪，那些工作能力不怎樣的人，會擁有過度的自信了。

所謂的理解力是指，理解事物的能力，理解力太低也會妨礙自我認知，豬隊友不知道自己還缺乏磨練，或者應該說，他們根本不曉得自己沒有處理好工作的能力。

沒能力又愛現的豬隊友非常難搞，更難搞的是他們並沒有自覺，還以為自己很厲害，這才是最麻煩的地方。

豬隊友的自卑情結

有一種豬隊友是你在工作上提醒他該注意的地方，他就會耍脾氣給你看；還有一種豬隊友則是平時喜歡吹噓炫耀，沒被人拍馬屁就滿肚子不爽。這些豬隊友確實是很麻煩沒錯，但是這些症狀背後隱藏著「自卑情結」。

個體心理學創始人阿德勒（Alfred Adler）把自卑感當作人類成長的動力。他說，小孩子跟大人相比，會覺得自己遠遠不及大人，而這種心態正是促使他們進步的成長欲望。

健全的自卑感與成長息息相關，阿德勒認為「健全的自卑感」和「自卑情結」是不一樣的。察覺自己在能力或人格方面的弱點屬於「自卑感」。**不肯承認這些問題，還試圖忽略自己的缺點，就會產生所謂的「自卑情結」**。

阿德勒表示，**打腫臉充胖子的行為其實是自卑情結作祟。那些喜歡吹噓炫耀，被點出缺失就惱羞成怒的性格，也是出於虛張聲勢的衝動**。

根據阿德勒的說法，心懷自卑情結的豬隊友絕不會承認自己有自卑感，他們反而會說，自己有哪些優點比其他人強。不過，仔細觀察就可以知道他們到底有沒有自卑感了。

比方說，態度傲慢的豬隊友內心缺乏自信，他們擔心被別人看不起，才會表現出不可一世的態度。至於那些自以為優越，得不到認同就惱羞成怒的人，他們也是一直在掩飾自己心中的自卑情結。

因此我們可以知道，妄自尊大的人都有自卑情結。他們無法接受自己的缺點，又害怕被其他人看穿，才會故意虛張聲勢。

這種豬隊友很容易被旁人的三言兩語所激怒。

在大家眼中自視甚高、容易被無心之言激怒的傢伙，事實上內心缺乏自信，而且還有自卑情結。真正有自信的人會接受自己的缺點，不會反應過度。

稍微被譏諷就受不了

有的人接受自己運動神經不好的事實，他們會用自己的缺點，搏君一笑。如果有人笑他們運動神經差，他們也會跟著大家一起笑。相對地，無法接受自己運動神經不好的豬隊友，對此有自卑的情結，一旦有人笑他們運動神經不好，他們就會羞愧動怒。

若是在工作上遲遲拿不出成果，這類型的豬隊友會對自己的能力感到自卑，對別人的評價特別敏感。

「你應該多動點腦筋啊。」

上司好心提供建議，也會觸怒他們的玻璃心。

有時候在閒聊過程中，朋友無心開一句玩笑話。

「你連這種事也不知道喔。」

明明是一句玩笑話，他們卻怒火中燒。

「媽的，你不要小看我啊。」

就連聊個天都可以見笑轉生氣。

心懷自卑感的豬隊友會產生「敵意歸因偏誤」，以為別人在對他們挑釁。就算對方沒那

個意思，他們也覺得自己受到汙辱。於是自我防衛機制發揮作用，攻擊性的態度就表現出來了，為的是要保護自己即將土崩瓦解的豆腐自尊心。

假設有兩個缺乏專業知識的人搞砸了工作，沒有自卑情結的一方，則會正面思考。

「我要繼續充實知識，以免類似的情況再度發生。」

心態健康的人會冷靜承認自己的不足，踏上成長的道路，克服弱點。

反之，自卑感強烈的人，只會覺得自己丟人現眼。他們無法接納別人的提醒與建言，也不願正視自己的知識不足，他們唯一在意的是「不想被瞧不起」。日後，跟工作伙伴們聊天時，絕口不提相關的工作知識，以逃避那些刺激他們自卑感的現實因素。

跟這種豬隊友相處非常消耗心神，不管他們是上司、同事、部下，都很難搞。

當我們看到那些愛現的人物，也不會覺得他們的工作能力有多了不起，但是表面上我們還是會褒他們幾句。

「哇、你好厲害喔。」

這當然是場面話。

「這傢伙缺乏自信，萬一傷到他可就麻煩了。」

這才是真心話。

事實上，就像我在前面的章節提過的一樣，只有工作能力不怎樣的人才會愛現。真正有能力的人相當謙虛，也不會表現出捨我其誰的態度。

因為能幹的人不必這樣做，大家都知道他們很能幹；所以，他們也沒必要多此一舉。

為什麼要刻意當豬隊友

更進一步解釋，在日本這種棒打出頭鳥的社會當中，能幹的人物既是我們「讚美的對象」，也是「受人嫉妒」的對象。

能幹的人過去遭受過無謂的攻擊和阻撓，他們會盡量保持謙虛不引人注目，絕不會去做那些愛現的事情。

大多數人也知道半桶水響叮噹的道理。那麼，為什麼還是有人愛現呢？明知道這樣做只會被當成無能的「豬隊友」，何苦做這種丟人現眼的事情呢？

這也是「自卑情結」作祟的關係。

願意承認自己實力不足的人，在成果不理想或成績比同事差的時候，會去思考該怎麼精益求精，逐步增加自己的實力。

不願意承認自己實力不足的人，卻以為自己非常有實力，不肯好好正視現實。而這樣的心態造就出自卑情結，他們多少也知道自己實力不足，但是又不想承認，還拚命裝出非常能幹的樣子。萬一得不到預期的評價，他們也只會怨天尤人，不懂得找出原因改善現狀。

工作能力差的豬隊友常說大話，就是隱約察覺自己能力不好，內心產生自卑情結的緣

故。於是，他們用盡各種矯飾的手段，死也不想被其他人看出自己有多無能。

精神分析學家佛洛伊德（Sigmund Freud）和榮格（Jung,Carl Gustav）也說過，內心的情結會不經意地影響到我們的行為。因此，有自卑情結的人，會不由自主地打腫臉充胖子，表現出自己很能幹的模樣。很遺憾的是，大家只會覺得他們是小人物罷了。

只是，自卑情結會在**無形中影響當事人的一舉一動**，這才是豬隊友最麻煩的地方。

小孩子最討厭父母的既定觀念

嘮叨的人物也是很麻煩的豬隊友類型。

碎碎唸只會害自己人脈盡失而已，但是嘮叨的豬隊友一看到跟自己觀念不合的事情，就一定要酸幾句才甘心，周圍的人都很討厭這種傢伙。

他們的思維缺乏靈活度，完全被既定觀念綁得死死的。

例如，沒有人望的嘮叨上司，都會用一些奇怪的既定觀念來要求部下。

「你就不能處理得更俐落一點嗎？」（部下就是應該辦事俐落）

「這不用我說，你自己應該想辦法吧。」（部下應該自己想辦法解決問題）

他們一看到辦事不利或缺乏創意的部下，就會火冒三丈，非要嫌棄個幾句才甘心。

也有那種喜歡抱怨上司的部下。

「上司都不懂得慰勞部下喔。」（上司應該慰勞部下）

「多給一點有用的意見啦。」（上司應該多給一些有用的意見）

如果上司沒有慰勞部下，或是沒有提供具體的建議，他們就會表現出不滿的態度，在背地裡說人閒話。

在私人交際的場合，也有類似的麻煩豬隊友。

比方說，有些人常對戀人感到不滿。

「為什麼你都不明白我的想法啊。」（你應該要明白我的想法）

「說幾句溫柔安慰的話嘛。」（你應該溫柔安慰我）

戀人沒有滿足他們的期望，給予體恤或安慰，他們就會火大耍脾氣。

還有一種父母不得小孩子的歡心，想法也非常要不得。

「我在你身上花了這麼多的教育費，拜託你回應我的期待，好嗎？」

（小孩子應該回應父母的期待）

「為什麼你就是不好好聽話啊。」（小孩子應該要聽話）

孩子不聽話或成績不理想，他們就會歇斯底里地碎碎唸，孩子很討厭這種父母。這些想法就是所謂的「既定觀念」。**「既定觀念」對當事人和周圍的成長有幫助，但是太強烈的「既定觀念」純粹是害人又害己，只會搞得大家不愉快。**

這時，就要靠「認知行為療法」來緩和過度的「既定觀念」了。

「既定觀念」有一定的重要性，但是這種觀念太強的豬隊友要求也多，實在很難相處。

CHAPTER 4

如何跟小事化大的天才相處？

心理問題改得過來嗎？

麻煩的豬隊友如果能恢復正常，那當然是再好不過了。

但是，這有可能發生嗎？請各位試著想像一下。

例如，凡事計較規則和程序的死腦筋，突然擁有臨機應變的靈活思維。

還有，自以為是、固執己見的傢伙，突然會傾聽別人的意見，尊重不一樣的觀念與想法，開始願意去瞭解別人。

或者，平時心情起伏不定，稍微遇到小事就大吵大鬧的麻煩人，突然變成情緒穩定，遇事臨危不亂的性情。

做事不懂得取捨，講話永遠抓不到重點。突然間，居然懂得捨棄一切旁枝末節，講話也有條無紊……

這些改變「光用想的」就很美好，但問題是沒有一樣可以輕易辦得到。

各位不妨想像一下生活中的豬隊友，相信你們應該很難想像他改變的樣子，應該說，這幾乎是不可能的任務。

那麼，心理問題是否真的就改不過來了呢？其實這也未必。

就算性格要素無法改變，也能改變「表現的方式」。雖然不好的傾向無法完全消失，但至少可以減輕到不會顧人怨的地步。

只是，除非本人真心想要改變，否則此人絕對不會有長進。這種事不是一旦別人點破，就會輕易改變的。

那麼，與其希望豬隊友改變，不如我們自己主動學習如何與豬隊友相處吧。

心理傾向和行動很難矯正

如果當事人知道自己就是傳說中的豬隊友，也明白再這樣下去不行，真心要改變自己，那麼多少還有機會改正那些缺點。

不過，絕大多數的豬隊友只是嘴上說要改，實際上根本沒有採取任何行動。這是因為，**改變現狀需要相當大的心理能量**。

過度龜毛的傾向、害怕失敗的傾向、動不動就產生對抗心態的傾向，還有一切討人厭的傾向，都是經年累月養成的，已經成為豬隊友的一部份。這些習慣化的傾向或行動模式，他們會很自然地表現出來，要改變並不容易。

改到後來，豬隊友當事人一定會厭倦。就算豬隊友本人還是有心要改下去，在生活中也會一不小心就表現出那些行為模式，然後發現了也不當一回事。其背後的原因由是，**這些麻煩的心理傾向和行為傾向，在別人眼中或許很豬，但是豬隊友們一路走來，都享受過好處。**

例如，過度龜毛的豬隊友注意力很集中，反而不會粗心大意。過度害怕失敗的豬隊友，從來沒有犯過致命的失誤。凡事都愛對抗的豬隊友，一直都很努力保持優越的地位。

不管是何種心理傾向或行為傾向，依照不同的表現方式，都有可能成為優點或缺點。

豬隊友特有的堅持

那些豬隊友都有他們的堅持。

比方說，有些豬隊友性格含蓄又不懂得行銷自己，所以經常吃悶虧。他們想要改變自己消極的性格，不希望再吃悶虧，但是嘴上說的又是另一回事。

「這種性格實在太吃虧了，我也想變得更積極一點……不過，有的人積極過頭了，感覺他們只顧著推銷自己，很厚臉皮，我不恥他們的行為。」

含蓄內向的豬隊友想要改變自己，卻又討厭那些積極推銷自我的人。

這種矛盾的心態很難改變消極的性情，畢竟他們不敢積極推銷自己的真正原因，正是他們特有的堅持。

還有一種豬隊友性格內向，每次要發表意見時都怕說錯話，結果錯失了發言的機會，只好當個啞巴乖乖地聽別人講話。他們希望自己擁有社交能力，也羨慕那些談話總成為核心焦點的人物。

「可是，那些社交能力優異的人，都有些輕浮又不夠細心的地方，對吧？我不希望自己變成那樣子。」

問題是，他們並不喜歡社交能力高超的人。

到頭來，羨慕也僅止於羨慕，**豬隊友無法拋棄自己的多慮與客套的性情**。換言之，就算當事人有心改變自己，內心也會產生抵抗情緒，而遲遲無法付諸行動。自己有心想改，都改不掉了，一旦被別人要求改正他們的心理或行為，反而更無法改了。

一般來說，別人要求我們改正缺點，我們反而會有所抵抗，還會找理由替自己的行為合理化。就像我剛才講的，有些缺點背後是伴隨著好處與堅持。

所以，**「善意的提醒」也只會換來反效果**。

人是很難改變的，與其指出豬隊友的缺點期望他們改變，不如理解對方的心理傾向和行為模式，學習跟豬隊友相安無事的方法。

莫名其妙的豬隊友是怎樣誕生的

要理解那些莫名其妙又白目的豬隊友，重點是先知道「豬隊友的價值觀」。我們會覺得對方莫名其妙，主要是雙方看事情的觀點不同。既然觀點不同，待人處世也難免會有差異，因此豬隊友也會覺得你莫名其妙。

由於彼此的價值觀和看事情的角度有別，我們的邏輯對方無法接受，豬隊友的邏輯我們也無法接受。邏輯究竟正不正確，其實取決於個人的價值觀。

例如，美國重視自由競爭，動輒要求其他國家放寬限制。在美國的壓力之下，日本政府放寬各個領域的限制，現在也熱衷於自由化。人們認為應該自由爭取工作，自由競爭的價值觀才是正確的，這些觀念支持著自由競爭的政策。

不過，自由競爭引發無盡的削價競爭，不僅加重了企業的經營困難，勞工也不得不領著微薄的薪資辛苦工作。已經有人開始擔心，不限制自由競爭人民會活不下去。

最近，美國和歐盟疾呼貿易保護措施，也是經濟上的困境愈來愈嚴重的關係。

從上述的例子我們不難發現，自由競爭與某種程度上的限制競爭，究竟誰對誰錯是沒有一個正確答案的。

老師不能稱讚優秀的學生

日常生活中有人堂而皇之地排除競爭，違反政府獎勵自由競爭的政策方針。例如，愈來愈多學校廢除了運動會的跑步比賽，不再替學生排名次。校方排除自由競爭的理由是，這麼做會傷害到那些跑得慢的孩子。

也不只是跑步廢除競爭，教職員也接到不能稱讚特定學生的指示，不然沒被稱讚到的學生會受傷。學生的優秀作品也不能刊在公告欄或學校官網上了，因為沒被刊出來的學生和學生家長抱怨連連，校方疲於應付。

像這樣的考量，就是人們開始反對自由競爭的風氣。

比方說，考試競爭太辛苦，大人看在小孩子可憐的分上，覺得有必要限制激烈的競爭，於是推出了各式各樣的推甄入學方案。私立大學有半數以上不必筆試就能入學，國立大學也開辦推薦甄選，教育機構還下令增加名額。

學生的考試競爭都漸漸廢除了，為什麼不排除自由貿易造成的削價競爭，緩和企業與員工的痛苦呢？

那麼反過來說，學校是念書的地方，企業是工作的地方。如今企業只看成果不看年資，大家都認為這種講求實力的自由競爭風氣才是對的。為什麼學校反而重視求學態度，甚至排除課業上的自由競爭呢？

從這些角度來看，**自由競爭與限制競爭對錯與否的問題，不是靠邏輯來決定的，邏輯背後所隱藏的價值觀才是造成判斷差異的因素。**

因此，在我們看來莫名其妙的豬隊友，他們的心理和行為也有一定的合理性。只是雙方的價值觀不同，我們無法接受罷了。

意見不合該怎麼辦

價值觀不同看事情的角度就不一樣，行事原理和是非觀念也各有差異。

當我們的邏輯不被對方採納，對方的邏輯我們也不願採納時，有必要考慮雙方價值觀的差異。不考慮價值觀的差異，再怎麼議論也不會有交集。

就以最近的政策辯論來說好了，對於那些重視事業的人來說，養兒育女是在妨礙自己追求事業成功，他們也希望省下這道麻煩。

所以，現在需要推動育兒外包的相關社會政策。例如，放寬保育設施的基準等等。這些人主張男女應該擺脫養兒育女的束縛，盡情追求各自的事業成就，建立一個人人都能發揮工作能力的社會。

相對地，對於那些看重家庭和子女的人來說，獎勵父母外出工作的政策，純粹是不顧百姓福祉的政客為了確保稅收和勞力，故意用各種冠冕堂皇的辭藻來煽動父母，引誘他們去社會上工作賺錢。

養兒育女明明是培育下一個世代的重要工作，卻被政客當成不必要的麻煩，因此那些看重家庭和子女的人，認為自己有義務保護小孩不受政客摧殘。連動物都會好好照顧自己的小孩了，為了追求事業成就而剝奪親子相處的機會，這種自私的欲望實在要不得。

雙方提出的都是自認為正確的主張，也難怪他們無法接受對方的理由了。

最近，有不少人疾呼培養人脈的重要性，學生的觀念也同受影響。

「成就高低端看人脈多寡。」

許多學生開始宣揚這樣的觀念，但是也有人不以為然。

「整天說人脈，只看利用價值來交朋友，這種人生也太可悲了吧。」

也有人是這麼認為的。

對此，日本學者浜口惠俊站在心理人類學的觀點，比較西洋的個人主義與東洋的脈絡主義。個人主義是把人際關係視為一種手段，脈絡主義則注重人際關係的本質。

個人主義的特徵，是把人際關係視為手段。當獨立的個體建立關係時，那段關係必需是對自身存續有利的手段。非個人目的、對個人沒有用處的人際關係，是無法長久持續下去的。所謂的社交，是用人為方式提高交際手段的有用性，但不會有人真心追求社交性的交往方式。

至於，脈絡主義對待人際關係的看法如下。

以互信為基礎的人際關係，與那種互相利用、衡量利弊的關係不同，互信的人際關係本身就極具價值。當雙方擁有令人安心的關係，這段關係就會帶有本質上的價值。

重視脈絡主義的人，不會用人際關係來達成自身目的，而是從彼此的關係中找到意義，期望維持那段關係。

（引用浜口惠俊《重新發現日本特色》，講談社發行）

你的常識不見得是常識

在講究個人主義的歐美社會，人們只信賴自己而不依靠他人。歐美人採取的是自我中心的行為模式，這種行為的前提出自對他人的不信任，人際關係則是追求自身利益的手段。

然而，重視彼此關係的日本社會，懂得在行動的時候考量其他人。這種行為的前提是互相信賴，認為人際關係具有很重要的意義，而不是把人際關係視為手段。

更深入探討的話，這些看待人際關係的差異，也同樣顯現在日本社會中的個人價值觀差異之上。

有些人的看法是，人際關係應該當作人脈利用，沒有利用價值的人際關係沒有維持下去的意義。

「跟沒用的人交往也是浪費時間。」

「那些反對利用人際關係，容易輕信他人的傢伙太傻了，怪不得會吃虧上當。」

這便是他們的主張。

反之，也有人覺得建構人際關係本身就很有意義，為了自己的利益而去利用別人，或是拋棄沒有利用價值的對象，這樣的行為太可恥了。

「動不動就用利弊得失來衡量人際關係，利用別人還臉不紅氣不喘，簡直無恥。」

「只會以利用價值來衡量別人，真是有夠可悲的。」

重視人際關係的人，會批評那些把人際關係當成利用手段的傢伙。

由此可知，價值觀不同看待事情的角度也不一樣，而這也導致我們對其他人的言行有不一樣的評價。

我們看不順眼的「豬隊友」，搞不好別人也同樣討厭我們。我們的常識不見得是別人的常識，所以你好心指出對方的缺點，對方也不一定會接受。在對方的眼中，我們才是有問題的一方。

關鍵在於，我們要去瞭解那些麻煩豬隊友的價值觀。

完全瞭解別人的價值觀是不可能的，但是在某種程度上推測一下，多少能瞭解對方的內心世界。明白豬隊友難解的言行和惹人厭的原因，即可減輕你與對方相處的壓力了。

面對豬隊友如何不生氣

請試著，**去想像豬隊友的內心世界非常重要**。

豬隊友也是有分類型的，我們在第二章裡，也提過各種類型的豬隊友。我們精選出十種典型的豬隊友，並且整理他們的行為特徵究竟哪裡麻煩，同時也說明了其背後所隱含的心理特徵。

倘若你身旁有麻煩到靠杯的豬隊友，想要改變他幾乎是不可能的任務，你只能提高自己的應對能力。所以，你得先依照不同類型的豬隊友特徵，分析你平日接觸的豬隊友是什麼類型，以便於進一步瞭解他們背後的心理架構是什麼。

無法理解對方的心態，你才會感到火大，理解以後你就比較不會生氣了。

例如，被點出缺失就惱羞成怒的豬隊友部下，其實內心缺乏自信，很擔心被別人看不起，因此他們沒有心力自我反省，也克制不住反駁的衝動。當你瞭解他們的心態，就不會太計較了。過去你不瞭解他們的心態時，可能會痛罵他們莫名其妙；現在你已經瞭解他們了，你會冷靜地思考該如何循循善誘。

那些講話傷人、害大家捏一把冷汗的豬隊友，其實內心的監控機能整組壞光光了。他們不會觀察周遭的反應來審核自己的言行，講話才會口無遮攔。瞭解其白目的心態也許不會改變你對他們的評價，但是至少你不會氣到血壓飆高了。

有的豬隊友上司異常重視規則和程序，處理一些鼻屎大的小事也不懂得變通。實際上他們是缺乏信心，不依照規則做事就會惶恐不安，他們沒有臨機應變的能力，只好凡事依循規則。明白這一點，你就不會氣到吐血了。

應該說，你也懶得計較他們的龜毛和頑固了。因為你很清楚他們龜毛又不知變通的原因何在，因此可以冷靜思考如何安撫他們，或是有沒有其他解決方法。

請參考第二章和第三章，進一步瞭解豬隊友的常見傾向和對策，讓自己心平氣和地應付他們吧。

指出豬隊友的缺失反而陷入困境

遇到講話白目或態度令人火大的豬隊友，我們難免想抱怨幾句。不過，說出怨言，情況也不會變得比較好，只會讓氣氛變得更加緊張難堪罷了。抱怨，是沒有任何意義的。

還有一點，請你要特別注意。

當你瞭解了那些豬隊友的心理機制，對他們白目言行的因素也瞭若指掌之後，你會很想指出他們的缺失。然而，**縱使你瞭解對方行為背後的心理機制，也不該直接說出來**。

請你試著想像一下。假設有一個講話傷人，臉皮又厚的白目好了。

「你這種說話方式不行啦，會傷害到其他人。你心中的自我監控機能全壞光光了，根本不知道自己的言行有多白目。你不知道有多少人被你傷害了，對你感到火大又無奈吧？」你以為直接點出豬隊友的缺失，他們就會從善如流好好反省嗎？別妄想了，他們只會惱羞成怒反駁你而已。如果他們講不贏你，也會用情緒化的反應破壞周遭的氣氛。

另外，也有豬隊友稍微被唸幾句就玻璃心碎滿地，拚命找藉口替自己的行為正當化。

「你為什麼不肯承認自己的錯誤？你是自卑感太強烈吧。對自己沒有信心，才會整天擔心被別人瞧不起。人家點出你的缺失，你就自卑感大爆炸，激動地反駁對方，或是拚命誇示自己能力高超。

「事實上，在旁人眼中這是很可悲的行為。這樣做反而害你被瞧不起，大家看出你內心忐忑不安，知道你是一個沒自信的傢伙。實話跟你說，其實大家都覺得你是這種人。況且最麻煩的是你不懂得反省，無法改正自己的缺點，我勸你最好改一改。」

豬隊友聽到這些話，真的有辦法保持冷靜嗎？這番話會嚴重刺激到他們的自卑感，引發出強烈的攻擊反應。所謂的自卑感是一種無意識的衝動，他們會不自覺產生攻擊反應。

無論如何，揭穿豬隊友行為背後的心理機制，也不會有什麼建設性的發展。你只是把氣氛鬧得更僵、更麻煩而已。因此，我在這裡再三提醒大家，千萬不要指出豬隊友的問題。

人類無法冷靜看待別人的指責

好心的人通常不忍心看那些豬隊友被大家排擠，所以會希望他們明白自己的過錯，趕緊改正過來。

不過，對豬隊友來說，這純粹是雞婆。畢竟你要改變他們習以為常的行動模式，等於是在否定他們的為人。

換言之，你苦口婆心告訴對方。

「你現在的行為不太好喔。」

他們也沒辦法冷靜接受你的建議。

哪怕是再怎麼親密的伙伴，也很難接受對方指責自己的缺點。

也許豬隊友本人真的被自己的缺點害慘了，但是被別人指點出來，他們只會覺得自己遭受否定，並且產生情緒化的反應。

人類都是自私、自我防衛心極強的動物。他們內心也明白自己的缺點，但是對方講得愈是正確無比，他們就愈容易惱羞成怒，此乃人類的天性。到頭來，就變得感情用事，死也不肯改正自己的缺點。

這是危機狀況下的自我防衛反應，他們會拚死抵抗你的建議，說什麼也不願意承認。說穿了，那些麻煩的特徵也是豬隊友本人的人格特質之一。當人格特質遭受否定，沒有人能夠冷靜面對的。

更何況，性格扭曲對當事人也有一定的好處。

比方說，整天吹噓炫耀的豬隊友看起來器度狹小，他們自己也知道，但是在吹噓的當下，可以掩飾內心的自卑感。意識到內心的自卑感是非常討厭的事情，用吹噓炫耀的方式麻痺自己大有益處。

至於整天計較規則和程序的豬隊友，他們也明白自己沒有臨機應變的信心，可是不知變通也有不知變通的優點。自己做決定的話，失敗了會被追究責任，也間接突顯自己的無能。反之，用規則或程序作為擋箭牌，就不會有被究責的風險，也不用擔心曝露自己的無能。

由此可知，幾句三言兩語難以改變人類長期以來的行為模式。所以試圖改變豬隊友，只是讓情況更麻煩而已。

遇到終極豬隊友該怎麼辦

有些豬隊友你好意幫他，他還會雞蛋裡挑骨頭。幾句無心之言，他也會感受到惡意，產生攻擊性的反應。

你以為你們之間的關係還不錯，沒想到發生一點小事他就翻臉不認人。你主動扮黑臉勸他，而這也是為了他好，他卻到處跟別人說你講話不留情面，嚴重傷害到他的自尊心。

稍微提醒他要改進的地方，他就佯裝無辜可憐，說自己再也無心做事。

如今，社會上充滿了這樣的豬隊友人種。人格障礙也開始廣受矚目。

「我被身旁那些豬隊友搞到疲憊不堪，我該怎麼辦才好呢？」

一直都有人跑來找我商量這類的問題，我在課堂或演講會上解釋人格障礙的時候，也有人跑來問我。

「我的生活中就有您談到的那種人，跟您舉的例子一模一樣。我還以為您講的就是那個人呢，當下我真的大吃一驚。」

而且，幾乎是我每次講都會聽到讀者同樣的感想。

所謂的人格障礙，是指內在經驗和行為持續偏離所屬文化的規範。這些偏頗會表現在各種層面上。例如，看待事情的認知謬誤、感情反應落差極大、人際關係不穩定、無法克制衝動等等。

本書提到的豬隊友，也有各種人格障礙的特徵。比方說，待人處世的觀念扭曲，遇到一點小事就極度失落，與人交際問題多多，動不動就展現暴怒等衝動性情。

不過，每個人多多少少都有偏頗之處，太過嚴重的話，就可能有人格障礙了。

有時候應該保持適當距離

我們身邊總有一些喜歡吹噓自己能力的豬隊友，或是喜歡強人所難的豬隊友，也有那種沒被拍馬屁就渾身不自在的豬隊友。這些麻煩的性情太超過，會帶給旁人極大的困擾。這時候，我們就該思考對方：是不是有自戀型人格障礙。

極度自戀也是一種病，稱為「自戀型人格障礙」。有自戀型人格障礙的人，認為自己與眾不同的心態非常強烈，而且還會妄想自己超級活躍。當然，每個人心中都想得到別人的讚賞，我們多少都覺得自己有與眾不同的地方，不該就此埋沒在大眾之中。

如果這些觀念太強烈，甚至到達了誇大妄想的地步，那就可能是自戀型人格障礙。這種豬隊友深信「自己是特別的存在」，為了成功會毫不猶豫利用別人。對周圍的人來說，他們是自私又高傲的存在，但是豬隊友本人認為自己很特別，不管做什麼都會被原諒。只是，他們的優越感毫無根據，因此內心隱藏著缺乏自信的不安，他們尋求別人的讚賞就是要隱藏心裡的不安。這也是他們對外在評價敏感的原因，脆弱的自尊心沒獲得稱讚就會受傷，進而產生攻擊性的反應。

我們周圍難免有一些豬隊友。例如，遇到一點小事就玻璃心碎滿地、提出過分要求還臉不紅氣不喘，或是容易產生攻擊性等等。這些問題太嚴重會影響到周圍的人，這時候我們就該思考，對方是不是有邊緣性人格障礙。

性格過於衝動，對人際關係造成不良影響的情況下，就屬於邊緣性人格障礙。

所謂的「邊緣性人格障礙」，是指在感情面和人際關係上容易產生極端的變動和衝動。情緒不穩定、無法克制自身衝動、難以忍受欲求不滿，這些人格特質其實到處都有。不過，這些人格特質再加上明顯的人際關係不穩定、強烈的攻擊性、自我破壞，就有可能是邊緣性人格障礙。

邊緣性人格障礙的根源，在於「不瞭解自己是哪種人」的身分認同障礙。他們不瞭解自己，又缺乏自信，所以在感情層面、行動層面、自我意識層面上都不穩定。

這類型的人物有一種感受不到自己價值的焦躁，他們的攻擊性不只會傷害到別人，有時候也會傷害自己，做出自暴自棄的行為。

可能前一秒他們還對別人寄予全面的信賴和期待，結果下一秒就批評別人背叛他們，直接翻臉不認人。這種對人評價的劇烈變動，也是缺乏自信的表徵。別看他們表面上心情不錯，搞不好你一不小心說錯話，他們就會暴怒如狂。這些感情上的變動都是邊緣性人格障礙的特徵。

這些人平常處理工作很正常，看起來也適應得不錯，沒有長期相處你看不出他們的問題有多嚴重。然而，當雙方的關係逐漸親密，你就會感覺到他們不正常的地方了。他們會過度依賴，提出的要求也愈來愈不知好歹；對方不照他們的意思行動，就表現出憤怒的態度，或是用各種手段操縱對方。

由於他們自私又工於心計，人際關係自然不會長久。跟這些人格障礙者扯上關係相當麻煩，勸各位最好保持適當距離，以免遭受波及。

CHAPTER 5

豬隊友借鑑：不要豬隊友上身

說不定，你也是豬隊友

前面我們已經解說豬隊友類型，以及他們背後的心理機制了。各位看完那些內容，可能會想起身邊的麻煩人物。

「那傢伙根本就是書中講的類型嘛，我以前不明白為什麼他講話如此白目，原來是豬隊友心態作祟啊。」

「有些人動不動就嘴賤酸別人，我一直都很好奇，他們表現出那麼可悲的態度，怎麼都不會討厭自己。原來那都是無意識造成的，所以他們不會感到丟臉。」

各位懂了豬隊友人種的心態，多少也能諒解他們要白目的緣由了吧。既然諒解了，對他們的白目性情就不會那麼火大，在某種程度上也願意忍耐了。

只是，有一點還是要請各位特別留意，**那些豬隊友也不是故意要說出煩人的話語，或是故意做出惱人的舉動。他們不經意變成大家眼中的豬隊友，本人是幾乎沒有自覺的。**

換言之，各位對周圍的人來說也有可能是豬隊友。

請參考本書第二章和第三章的內容，回顧自己的日常生活習慣吧，看看旁人的反應有沒有什麼值得留意的地方。順便反省自己的行為舉止，有沒有令人火大或傻眼的要素。另外，請思考自己的心態跟書中提到的是否一致。

參考那些豬隊友的心理機制，反省自身的言行，可以降低成為豬隊友的風險。萬一，你已經是豬隊友了，至少也有機會找到改善的啟示。

立場不同，看人的方式也不一樣

不過，在立場和價值觀不同的人眼中，所謂的豬隊友也不盡相同。有時候我們跟別人的看法可能完全相反，這也要特別留意。

比方說，對上司而言會質疑指示的部下，還有會找藉口反駁訓斥的部下，才是豬隊友。

「不要講那麼多五四三，聽我的指示就對了。」

「不要找藉口了，快點改善缺失。」

當上司的都想這樣教訓那些豬隊友部下。相對地，願意遵照上司指示，而且從善如流的部下比較好相處，對上司而言通常都是值得疼愛的部下。

問題是，這種部下在新人眼中，純粹是毫無主見的無用前輩，看了就叫人火大。反之，敢反駁上司錯誤的前輩，對上司來說很麻煩，但是在新人眼中，反而是很可靠的前輩。

再者，對於信奉權威主義的上司而言，意見很多的部下通常都是豬隊友，一點也不值得疼愛。另一方面，性格開明、以解決問題為己任的上司，比較喜歡那些敢於提出意見的部下，因為這類型部下會提供不一樣的觀點，以防止權威型上司做出錯誤的判斷，所以反而是可靠的部下。

平時多站在不一樣的觀點，能夠有效反省自己的日常生活。當上司的則要多多站在部下的角度考量，當部下的也要多替上司想想。

明哲保身的溫柔

長年來，我站在杏壇的第一線，在不同的學生眼中，豬隊友教師的類型也不盡相同。

例如，有些老師不喜歡時下的學生，他們認為現在的學生自我主張極強，遇到不如意的事情就滿口怨言，習慣在網路上說別人的壞話。所以他們也懶得嘮叨，乾脆放牛吃草。

也有老師認為，反正多說好話不要打罵，自己也不會惹禍上身。總之，盡量把學生捧得服服貼貼就對了。

最近還有老師完全不出作業給學生，理由是：出作業會被學生討厭，對自己的上課評價造成不好的影響。因此，只要學生上課有到就有學分了。

這些老師都沒有認真培育學子的心，他們滿腦子只想著保護自己，根本不管學生死活，態度非常自私。這屬於一種得過且過的心態，既沒有作為教師的自覺和責任感，也缺乏替學生考量的觀點。

然而，學生對他們的評價反而很高。

「那個老師很溫柔，我們都很喜歡他啊。」

聽到學生這樣講，代表大多數人很難看穿明哲保身的溫柔。

立場和能力不同，對豬隊友的看法也不一樣

立場和能力不同，看事情的角度也有很大的落差。

對於有能力、有上進心的學生來說，願意認真執教的老師反而比較好。而且，他們喜歡那些上課內容豐富，願意教導嶄新觀念的好老師。

當然，在這個時代光是嚴厲是沒用的。老師應該要用母愛與學生交心，同時以父愛鍛鍊學生，期待他們成長進步才行。有上進心的學生很喜歡這種老師，也願意努力回應期待。可是，對於沒能力、缺乏上進心的學生來說，上這種老師的課純粹是一大麻煩，他們喜歡偷懶又好混的老師。

沒有上進心的學生只想用最輕鬆的方式取得學分，在他們眼中能滿足這個條件的才是最棒的課程和老師，因此他們會給予爛老師極高的評價。

對學生沒要求、不看重成績的歐趴老師才是好老師。至於那些會教導最新學說的老師，或是會出功課給學生的老師，則是：上他們的課必須動腦筋，真是麻煩死了。

在公司也有類似的傾向，什麼樣的上司算好上司，什麼樣的上司算豬上司，這也要看部下的能力、上進心、價值觀來決定。

例如，有些上司對待工作的態度認真嚴謹，可能看到部下的工作成果不夠好，會要求他們繼續改進。如果部下也是認真嚴謹的人，就會乖乖遵照指示，心悅誠服地改善工作。

反之，只重視工作效率和性價比的部下就不一樣了。

「好不容易完成的工作，又要重頭來過了。」

這種部下肯定會嫌麻煩。不管是念書、運動、工作都一樣，那些會嫌棄別人熱心指導，遲遲不肯改變自己做法的人，很難有所長進。

解決困難的課題，不斷追求完美是一件很辛苦的事情。會覺得這種事情麻煩的人，多半是無法突破瓶頸的狹量之輩，怕麻煩的心態會妨礙到一個人的成長。

有辦法突破瓶頸的人，願意挑戰困難的課題，不畏懼任何艱難險阻。他們會虛心接受提醒和建議，改正自己的方式更上一層樓。

瞭解自己討厭的對象，等於瞭解自己的弱點

這世上確實存在著一些豬隊友，但是有時候豬的程度，這也跟我們自己的看法有關。所以，你有必要回想一下周遭的豬隊友，客觀地反思他們的狀況才行。

假如你很討厭意見多的部下，那麼你搞不好是信奉權威主義又剛愎自用的豬上司。若不好好地改正自己的缺點，是無法得到周遭的信任。

討厭上司的提醒或建議的人，說不定是缺乏上進心的豬隊友類型。也有可能是自卑感強烈，無法虛心接受自己犯錯或能力不足的事實。總之，放任不管是很難成長的。

容易對不同意見感到火大，也許是缺乏包容或同理心的緣故，這種豬隊友通常以為自己才是正確的一方。這種性格再不改過的話，偏見會愈來愈深，再也容不下嶄新的觀點，最後各方面都會碰壁。

例如，失去容人的雅量，工作上也缺乏靈感，連人際關係都處理不好等等。

思考速度快本身不是壞事，但是聰明人往往比較沒耐心。

「為什麼你們連這點小事都不懂啊？」

「為什麼你們做事效率這麼差勁啊？」

他們很難容忍對方的魯鈍和不得要領。對於資質平庸的人更應該好好帶領他們，否則難

以發揮團隊的實力。

另外，如果你很討厭在會議上提出一堆龜毛疑問的豬隊友。

「計較這些小事要死喔。」

或者，你受不了那些交辦工作的時候不斷耳提面命的豬上司或豬前輩。

「有夠龜毛的，這根本無關緊要啊。」

那麼你很可能缺乏謹慎的特質，不改善貪功躁進的缺點，早晚有一天會因為做出錯誤的判斷而吃大虧。

請看看自己容易對什麼樣的人動怒，或是感到麻煩；這麼做可以幫助你瞭解自己，找到值得改善的缺點。

重點是能否配合狀況採取合適的行動

自我監控能力極強的人，很在意別人的評價，也會關心自己的言行是否恰當。他們對別人的感情表現和自我呈現很敏感，並且會利用這些資訊來注意自己的行為。像這種懂得自我監控的人，會配合當下的狀況調整自己的行為。因此，特徵是比較擅長於臨機應變。

自我監控會幫助我們採取適當的行動，有利於融入社會生活。但是太強烈的自我監控等於是在壓抑自己，壓力也會愈來愈大。

反之，自我監控能力較差的人不在意別人的看法，也不關心自己的行為是否合乎社會性的規範。這類型的人忠於自己的欲望，容易採取一貫的行動，而不考慮當下的狀況，有時候會說出一些不合時宜的話來。

自我表現做得好或不好，其中一個關鍵因素就是自我監控能力。

自我監控能力主要有兩大層面，一是解讀別人言行的能力（解讀能力），一是調整自己言行的能力（自我控制能力）。

換句話說，這是藉由周遭反應來判斷自己言行是否合宜的能力，以及配合狀況調整自己的言行，做出適當舉動的能力。

確認自我監控能力的方法

心理學家雷諾克斯（Lennox Morrison）和沃夫（Anthony E. Wolf）編排出自我監控量表。這個量表是由兩大因子組成，分別是對於其他人表達行為的感受性，以及修正自我呈現的能力。

下列項目可以測出自我監控的能力。（摘錄自雷諾克斯和沃夫的論文）

「對於其他人表達行為的感受性」的主要項目

- ●看別人的眼神，就知道自己不小心做出不合宜的言行。
- ●直覺經常猜中對方的感情和意圖。
- ●別人說謊的時候，光看他的反應就知道了。
- ●對談話對象的細微表情變化很敏感。

「修正自我呈現的能力」的主要項目

- ●知道自己應該配合狀況做出什麼樣的反應，而且能輕易調整行動。
- ●無論處在何種狀況下，都能配合規範做出合宜的行為。

● 不擅長配合其他人或當下的狀況，來改變自己的行為。
（反轉項目：意思是不符合的時候代表自我呈現能力較高）
● 會依照自己想營造的個人印象，改變與人交往的方式。

這兩大因子只要符合其中三到四項，就表示你的自我監控能力還不錯。倘若幾乎沒有符合的項目，那麼今後在人際關係中，請好好地留意自我監控。

脾氣暴躁是既定觀念害的

喜歡抱怨或脾氣暴躁的豬隊友，對旁人來說是討厭又麻煩的存在。

要避免成為這類型豬隊友，最好採用認知行為療法，改變腦海中的認知要素。所謂的認知要素，說穿了，就像刻印在腦中的教條。

例如，有些部下比較不機靈，一定要下達具體指示才會行動。要是你很討厭這種豬部下，忍不住惡言相向的話，這就是偏見在作祟了。

「這點小事不用我說，你也應該要主動察覺吧。」

這時候，你要把上述的教條改成這樣。

「為人機靈當然是好事啦，但在不熟悉工作的情況下，也很難機靈到哪裡去。」

「為人機靈是很理想，無奈現在不機靈的人愈來愈多了。」

像這樣改變自己的既定觀念，遇到不長眼的豬部下就不會太火大了。

如果是遇到做事不動腦的豬部下，難免會想抱怨幾句。

「自己是不會動腦思考嗎？一定要我說才肯做就對了？」

這時候，請改變你腦海中的既定觀念。

「要是你能養成主動思考的習慣，那就再好不過了。」
想法稍做改變，心情也比較放鬆，對待部下就不會太嚴厲了。
也有一些部下拿不出令人滿意的成果，我們會失去耐性，表現出疾言厲色的態度。
「部下應該拿出成果，滿足上司的期待啊。」
而這也是腦海中的既定觀念害的。
「拿不出成果的部下是很令人頭痛啦，但他本人也不是自願的啊。」
改成這種心態，我們就能寬恕那些拿不出成果的部下了。

改變既定觀念

看見部下工作手腕不高明，做上司的都會感到焦躁。

「為什麼你做事不能俐落一點呢？」

這也是既定觀念害的。

「你做事更俐落一點，就算幫了我大忙。」

只要稍微轉換一下思維，就不會怒火中燒了。

現在，我們改站在「部下的角度」來思考。萬一遇到不太會提供建議的上司，我們內心的不滿會化為抗拒的態度表現出來。

「上司應該提供一些有用的建議啊。」

同樣地，我們要扭轉既定的觀念。

「我當然希望上司提供有用的建議啦，但是自己思考方法，反覆嘗試驗證才會進步嘛。」

觀念轉一下，對上司的不滿和憤怒就會減輕了。

還有一些上司待人冷淡，又不願意稱讚部下，我們很難對他心悅誠服。

「上司應該讚賞部下才對吧。」

又是既定觀念害的，給它轉下去就對了。

「被上司稱讚固然可喜，但也不是每個上司都用這種方法帶人。」

「有的上司滿口好話，卻不是真心想培育部下。」

觀念改變之後，對上司就會心悅誠服了。

我們要改變腦海中的既定觀念，不要期待對方一定要怎麼做。對方願意做，我們要心懷感激；不願意做，那也無可奈何。畢竟每個人的想法、能力、生存方式都不一樣，必須給予適當的尊重才行，況且生活本來就無法盡如人意。

防止自卑感形成的自我接納

我們在第三章裡有說過，自卑感強烈的豬隊友容易受傷，碰到一點小事情就大受挫折，他們的敵意歸因偏誤，會引發攻擊性反應。跟這類豬隊友扯上關係很耗心神，說穿了極為麻煩。要避免自己變成那種白目，就要虛心接受自己的弱點，防止自卑感形成。

比方說，有些人處理文書工作出了紕漏，對待客戶的態度也有待改進。他們口頭上會跟上司道歉，但是表情和情緒充滿反抗，跟這種人扯上關係也很麻煩。他們知道自己能力不足，不是一個能幹的員工，心中充滿自卑的情結。

如果他們願意接納自己能力不足的事實，那就算別人點出他們的缺失，他們也會虛心接受改善自己的問題。

有的上司看不慣部下處理工作沒找他們商量，故意對那些自動自發的部下說風涼話；或是在大家很忙碌的時候，計較部下沒有回報工作進度，像這種上司也很難搞。其實他們對自己的能力沒信心，深怕自己不是一個值得仰賴的上司，也擔心部下看不起自己，這些負面的心態造就了他們的自卑感。

假如他們願意接受自己頭腦不好的缺點，以誠懇的態度處理工作，腳踏實地努力精進，好好地接納自己的長處和短處，那就算部下沒有找他們商量問題，他們也可以用一種寬宏的氣度發揮管理能力，不會過度擔憂了。

對於運動神經不好有自卑感的人，可能在大家聊到運動話題時表現出不悅的態度，或是攻擊話題中的運動選手，破壞現場的談話氣氛。

相對地，願意接納自己運動神經不好的人會反其道而行。

「我運動神經有夠遲鈍的啦，連踢個足球都會不小心踢空跌倒……」

他們會把自己運動神經差當成笑點。

對肥胖身材感到自卑的人，一聽到體型的話題異常敏感，旁人都避免在他們面前提到體型的話題。反之，接納自己肥胖的人就不一樣了。

「我出差的時候啊，真希望公司幫我安排商務艙。經濟艙的座位太小了，我屁股會卡住拔不出來啊！每次下飛機都要費一番功夫。」

他們懂得用自己的體型來開玩笑。

有時候得當一個「豬隊友」

本書已經完整介紹豬隊友的行為特徵和心理結構了，並且也教導各位如何應付，以及避免自己變成豬隊友的方法。

不過，有一點要請大家特別留意，有些豬隊友是屬於「擇善固執」的類型。

例如，公司裡召開戰略會議，高層表示要捨棄一部分低端客戶來追求更高的利潤。當你以為所有人都一致同意時，竟然有人提出反對意見。

「這會破壞我們過去與客戶建立起來的信賴關係，真的沒問題嗎？過去我們遭遇困難，對方還有幫助過我們呢……」

反對的人認為不該捨棄客戶。

對此，提案者反駁。

「你說信賴關係很重要，意思是我們公司倒閉也沒差囉？我們又不是開慈善事業的，捨棄利潤不高的客戶是理所當然的吧？你是要好心做壞事就對了。」

提案者說出極端的論調，怒不可遏地回嘴。

然而，反對者依舊無法接受這種說法。

「你今天捨棄低端客戶，改天其他客戶也會捨棄你，這等於是搬石頭砸自己的腳。追求利益不代表我們可以隨便背叛別人……」

反對者也不甘示弱地提出質疑。

提案者當然希望大家立刻接受自己的提議，對他們來說「擇善固執、問題又多的人」是很難應付的豬隊友。

太留情面也會引發問題

雙方都有理由相信自己是正確的，我們無法單純斷定誰對誰錯。可是我們應該從各種角度徹底進行檢討，以免差勁的策略過關。

很多企業爆發出經營醜聞，就是因為員工屈服於從眾壓力，不敢提出議論的關係。有時候我們必須抱持著當黑臉的覺悟，反覆確認各項疑問和風險，同時提出自己的看法和意見，才有辦法迴避類似的風險。

教育機構乍看之下跟追求利潤無緣，大家通常也以為經營教機構並不困難，但很多時候教育機構也需要一些麻煩人物。

舉例來說，校方會盡量給應屆畢業生歐趴，以免他們找到工作卻畢不了業，連帶影響到企業對學校的觀感不佳。偏偏有的教職員認為，把成績個位數的爛學生拉到及格邊緣算不上教育，相信類似的話題各位也時有所聞。

另外，現在校方都採取盡量不當掉學生的政策，否則不容易畢業的風評傳出去，以後應考生就會大幅減少。不過有的教職員義正詞嚴地表示，這是放棄教育者的使命，他們的堅持委實給校方添了不少麻煩。

對於經營學校的高層來說，學生付了學費，嚴格來講就是客人，學校收了錢給學分是天經地義的事情。可是一部份教職員無法苟同，他們覺得教育機構不應該有這種想法。想當然，這對經營的高層來說，也是麻煩的豬隊友。

有時候「豬隊友」反而是守護神

事實上，我也有說過類似的龜毛發言。每次談到相關的話題，我的看法都一樣。

「你們說不給學分很可憐，但是學生付了錢，結果沒學到任何東西就畢業，這才是真正的可憐吧？」

面對那些主張放水的，我都很想這樣嗆他們，而他們也有自己的主張。

「這麼做對我們自己百害而無一利啊，萬一我們學校很難畢業的風評傳出去，以後誰要考我們學校啊？」

他們多半會用明哲保身的觀點來反駁我。

確實，捨棄堅持或許可以保住自己的地位。問題是真正為組織著想的話，有時候堅持是不能捨棄的。或者應該說，從神聖教職的使命感或引導學生的觀點來看，有的堅持說什麼也無法捨棄。

為了顧及情面而不敢表示意見或疑問，這只是在避免當下的氣氛尷尬，難以成為一個有能力的工作者。況且，我相信各位也不願意接受這樣的人生。

只是，這也有可能被組織排擠而反受其害，所以要審慎拿捏堅持的目標和程度，畢竟組織是不會寬待麻煩人物的。

再者，也請各位好好反省一下，自己的堅持是否真的有意義。

瞭解他人看法的重要性

反過來講，我們堅持的職業使命感和人生觀，說不定是自以為是的正義感，所衍生出來的極端主張罷了。

要避免這種情況發生，我們平常應該跟值得信賴的對象討論意見。傾聽別人的意見有助於我們反思自己的想法。人類看重的並非事實，而是由主觀意識所詮釋的事實，因此無法客觀看待事物。

不過，我們要多多接觸採納其他人的觀點，才能稍微矯正自己的偏頗。

有了比較正確的認知，我們多少可以區別有意義的堅持和沒意義的堅持，不會成為一個單純的豬隊友。

【結語】
豬隊友，讓我們重新察覺自己的弱點和偏頗

與人交際真是一件勞心的苦差事。

「你們這些心理學家一定沒在人際關係上吃過苦頭吧？」

有些人以為我們心理學家都在爽爽過日了。

這可是天大的誤會，但凡踏入這一行的人都很清楚，心理學家多半是不擅長處理人際關係或不適應社會的人物。說穿了，心理學家都是怪人在當的，因為對人心沒興趣的人，也不會當心理學家了。

人際關係一帆風順的人，會去關心其他的事情，不會想瞭解人心的運作原理。唯有社交能力低落、難以融入社會的人，才會去思考如何改善交際技巧，反省自己出了什麼問題。這時候，他們就會對自己和別人的心理運作感到興趣。

近來，人們對心理學益加感興趣，這代表我們生活在一個人際關係更加困難的時代。

實際上，我在很多學生的報告中看到，他們對於顧慮人際關係感到疲憊。也有學生對其他課程興趣缺缺，一談到現代人疲於應付人際關係的話題時，聽講態度反而變得異常專注。

我跟一些年輕上班族聊天，最常聽到的話題就是，他們在職場上遇到了不知道該如何相

們最大的壓力來源。人類沒辦法獨自生活，與人交往對我們來說，既是一種樂趣和療癒，同時也是我們最大的壓力來源。

正當我對此有很深刻的感觸時，「日本經濟新聞出版社」編輯部的長澤香繪女士問我：「現在任何地方都有「豬隊友」，榎本老師能否寫一本書談談那些人品不壞、性格卻很難搞的豬隊友？」

確實，豬隊友到處都是。我回顧自己過去的人生，也想起了幾個具體的對象。我一方面摸索著與人交際的方法，一方面提供不擅交際的人解決之道；而身為一個探究人心運作原理的人，或許我可以開示那些豬隊友的心態，提供大家一個相安無事的辦法。這才是我撰寫本書的初衷。

讀完本書之後，各位會更瞭解身旁那些豬隊友的心態，而變得更加寬容平靜。搞清楚自己會對什麼豬隊友感到麻煩，也可以察覺自己的弱點或偏頗之處。我希望各位能夠得到這些收穫。

最後，我要感謝長澤繪香女士提出一個這麼棒的議題。

二〇一八年四月

榎本博明

「喂喂喂，你們聽說了嗎？
這次會裁掉很多四十幾歲的主管喔！」

這輩子心從來沒有這麼熱烈的跳動著。

靠杯，你在講三小啦！
我們的課長就是那位四十幾歲的主管啊！

國家圖書館出版品預行編目 (CIP) 資料

終結職場豬隊友指南／榎本博明著；葉廷昭譯 . -- 初版 . -- 新北市：銀河舍出版：遠足文化發行，2018.12
面；　公分 . --（療癒系；2）
譯自：かかわると面倒くさい人
ISBN 978-986-96624-2-0（平裝）

1. 職場成功法　2. 人際關係　3. 工作心理學

494.35　　107016735

療癒系　002

終結職場豬隊友指南

かかわると面倒くさい人

作　　者：榎本博明
譯　　者：葉廷昭
總 編 輯：陳秀娟
封面設計：銀河研究室
插　　畫：葉振宇
內頁設計：中原造像股份有限公司
印　　務：黃禮賢、李孟儒

社　　長：郭重興
發行人兼出版總監：曾大福
出　　版：銀河舍出版
地　　址：231 新北市新店區民權路 108-1 號 8 樓
粉 絲 團：https://www.facebook.com/Happyhappybooks/
電　　話：（02）2218-1417　傳真：（02）2218-8057

發　　行：遠足文化事業股份有限公司
地　　址：231 新北市新店區民權路 108-2 號 9 樓
電　　話：（02）2218-1417　傳真：（02）2218-1142
電　　郵：service@bookrep.com.tw
郵撥帳號：19504465
客服電話：0800-221-029
網　　址：www.bookrep.com.tw

法律顧問：華洋法律事務所 蘇文生律師
印　　製：中原造像股份有限公司　電話：02-2226-9120
初版一刷　西元 2019 年 01 月

Kakawaru to Mendokusai Hito

First published in Japan by Nikkei Publishing Inc., Tokyo
Chinese translation rights in complex character arranged with Nikkei Publishing Inc., Tokyo through Japan UNI Agency, Inc., Tokyo
Printed in Taiwan